# RECHERCHES BALISTIQUES



## SUR

# LES VITESSES INITIALES,

## LE RECUL,

## ET LA RÉSISTANCE DE L'AIR.

IMPRIMERIE DE GUIRAUDET.

# RECHERCHES BALISTIQUES

SUR

# LES VITESSES INITIALES,

## LE RECUL,

### ET LA RÉSISTANCE DE L'AIR.

Par L. M. Prosper Coste,

LIEUTENANT D'ARTILLERIE, ANCIEN ÉLÈVE DE L'ÉCOLE POLYTECHNIQUE.

> ..... Les mathématiques transcendantes, surtout, ne conduisent à rien de précis sans l'expérience........ : c'est une espèce de métaphysique générale, où les corps sont dépouillés de leurs qualités individuelles..... Il resterait au moins à faire un grand ouvrage, qu'on pourrait appeler l'APPLICATION DE L'EXPÉRIENCE A LA GÉOMÉTRIE, ou TRAITÉ DE L'ABERRATION DES MESURES.
>
> DIDEROT.

## PARIS,

CHEZ ANSELIN ET POCHARD, SUCCESSEURS DE MAGIMEL,

LIBRAIRES POUR L'ART MILITAIRE, RUE DAUPHINE, N° 9.

1823.

Paris, le 7 novembre 1822.

Monsieur, j'ai fait examiner votre travail sur les expériences de Hutton. Il résulte du rapport qui m'a été fait à ce sujet, qu'il sera très-utile aux officiers d'artillerie.

Toutefois, la commission qui a été chargée de son examen pense qu'il est nécessaire de développer davantage ce qui est relatif aux portées et aux vitesses finales, et que quelques parties trop détaillées doivent être resserrées.

Le zèle que vous avez montré pour le perfectionnement de cette partie de la science des artilleurs, en vous livrant à un travail aussi important, me fait espérer que vous continuerez à vous en occuper, jusqu'à ce qu'il soit arrivé au point de perfection dont il est susceptible.

J'ai l'honneur d'être, Monsieur, votre très-humble et très-obéissant serviteur,

Pour le Ministre, et par son ordre :

Le Directeur général, COMTE DE COETLOSQUET.

# PRÉFACE.

Euler, Robins, Lombard, et la plupart des auteurs qui se sont occupés des vitesses initiales des projectiles, ont fondé leurs calculs et leurs théories sur des hypothèses gratuites et nullement vérifiées par l'expérience, et sont parvenus à des formules qui sont loin de représenter les effets produits par la détonation de la poudre.

Les nombreuses expériences faites à différentes époques, à Woolwich, pour connaître directement les vitesses initiales des projectiles, et la loi de la résistance de l'air, seront toujours un des plus beaux titres de gloire du docteur Hutton; elles feront honneur non-seulement à ses connaissances, mais encore à son adresse et à sa patience, qu'aucun obstacle n'a pu arrêter ni décourager. Les résultats de ces travaux, publiés avec les détails les plus circonstanciés, sont pour l'artillerie l'une de ses acquisitions les plus remarquables et les plus précieuses.

Lombard a inséré les premiers essais de
Hutton à la suite de sa traduction des *Nouveaux Principes* de Robins, et le colonel
Willantroys, en traduisant et en faisant
connaître aux artilleurs français la première suite de ces expériences, leur a rendu
un très-grand service, et s'est acquis des
droits à leur reconnaissance. Il serait à désirer que M. Terquem, professeur de mathématiques au comité d'artillerie, fît bientôt paraître la traduction manuscrite de la
seconde suite des expériences où Hutton
s'est proposé de déterminer la résistance de
l'air, et où il a même employé des pièces
de 6 livres de balles. Mais ces expériences
n'ont pas encore exercé sur les perfection-
nemens de l'artillerie toute l'influence
qu'elles peuvent avoir, par la raison, sans
doute, qu'elles ont été faites, pour la plupart, trop en petit et avec un calibre d'une
livre de balle qui n'est pas employé à la
guerre. Jusqu'ici on ne les a pas assez étu-
diées, et on n'en a pas déduit des conséquences assez exactes et assez précises, ni
conclu des règles applicables aux diverses
opérations militaires.

Pour y suppléer, ne voulant me fonder sur aucune hypothèse, j'ai préféré me servir des méthodes d'interpolation ; et, conduit ainsi à étudier toutes celles qui ont été proposées pour lier entre eux les résultats des observations, j'ai tâché d'apprécier leurs différentes propriétés, leurs avantages et leurs inconvéniens. Après beaucoup de calculs et de mûres réflexions, j'ai fini par adopter les formules exponentielles que j'ai développées dans mon premier chapitre. Elles ont l'avantage de se prêter facilement au calcul logarithmique, et de n'avoir de quantités indéterminées qu'en un nombre assez petit et bien inférieur à celui des données que l'on se propose de représenter.

L'importance que j'ai mise à ces recherches sera justifiée, si l'on admet que les résultats mathématiques dont s'approchent les résultats moyens des effets produits par les gaz provenans de la détonnation de la poudre, sont aussi constans et aussi uniformes que ceux produits par d'autres causes, telles que la pesanteur, la force centrifuge, etc., et que les irrégularités que l'on remarque dans les différens coups particuliers ne proviennent que de certaines causes très-influentes, très-variables, très-peu connues, et qu'il est peut-être même impossible d'annuler ou de soumettre à notre volonté.

Je ne crois pas être parvenu, je l'avoue, aux formules les plus exactes, les plus simples et les plus commodes pour la pratique : souvent elles ont été déduites d'un trop petit nombre de faits, ou elles en diffèrent d'une manière trop sensible. Aussi je laisse au lecteur à fixer le degré de confiance que mérite chacune d'elles en particulier, et je ne considère mon travail que comme un essai, destiné à attirer sur ce sujet l'attention des officiers d'artillerie, et à montrer que l'on peut parvenir à représenter, par des formules, les différentes expériences sur les vitesses initiales, avec une exactitude à laquelle on était loin de s'attendre jusqu'ici. Mon but serait rempli, et je me croirais plus que récompensé de mes peines, si je parvenais à provoquer de nouvelles expériences, faites en grand, et dignes du corps de l'artillerie; ce qui donnerait le moyen de suivre d'autres routes, et d'appliquer à l'artillerie, et à la recherche des effets de la poudre en particulier, les méthodes en usage dans l'astronomie, pour perfectionner de plus en plus les tables, et augmenter le nombre des connaissances acquises. Dans celle-ci, à la vérité, on a un avantage dont est privée la science de l'artillerie : c'est de connaître *à priori* la forme des lois et des équations qui lient les divers phénomènes, et les nouvelles observations y servent à augmenter l'exactitude des différens coefficiens, à en faire de nouveaux rapprochemens, à en déduire de nouvelles conséquences. Une autre différence essentielle, c'est que, dans la première, les données de l'expérience ne sont affectées que des erreurs occasionées par les instrumens, tandis que, dans la seconde, à ces premières causes de variation se joignent les irrégularités bien plus grandes encore des phénomènes eux-mêmes.

Aussi ce n'est que par des expériences nombreusess et souvent répétées, et par les travaux des officiers, que l'on peut espérer approcher, sur cette matière, de la limite du perfectionnement où sera forcée de s'arrêter, peut-être, l'intelligence humaine. Le moyen d'accélérer et d'obtenir le plus tôt possible ces améliorations , serait d'imiter et de suivre plus souvent l'exemple donné par les Vallière, les Saint-Auban , les Dupuget, les Decoudrai , et renouvelé depuis par les généraux Lamartellière, Gassendi et Cotty. Il en naîtrait des discusssions très-utiles, des rapprochemens inattendus, qui donneraient de nouvelles lumières , et feraient abandonner d'anciens préjugés et de fausses notions.

La commission nommée par l'Académie des Sciences, en décembre 1820, ayant pensé qu'il n'appartenait qu'au Corps royal de l'artillerie de prononcer sur le mérite et l'utilité de ce genre de travail , je demandai à Son Excellence le Ministre de la guerre de vouloir le faire examiner. Depuis, je n'ai cessé de revoir mon travail , d'en abréger certains articles, et de l'augmenter de plusieurs autres entièrement nouveaux. Dans le premier chapitre , j'expose les méthodes d'interpolation que j'ai employées ; dans le second , la manière dont Hutton a exécuté ses expériences ; dans le troisième et le quatrième , je traite des effets immédiats de la poudre, et des vitesses initiales , soit des projectiles, soit des pièces ; je m'occupe, dans le sixième, de la résistance des fluides ; les septième, huitième, neuvième, sont consacrés à donner quelques aperçus et quelques notions sur les enfoncemens des projectiles dans différens milieux, sur la position de la lumière, sur les bouchons , les sabots.... Enfin, voulant, autant que possible , ménager le temps des lecteurs et leur faciliter l'usage de mes résultats, dans mon dernier chapitre, j'ai transformé mes formules, et j'ai dressé des tables à l'usage de l'artillerie des diverses nations, et principalement de l'artillerie française.

Pour mettre les lecteurs en état de faire de nouvelles recherches et de tenter des routes peut-être plus heureuses, j'ai cru devoir citer textuellement une foule d'ouvrages assez rares et peu à portée d'être consultés de la plupart d'entre eux : aussi réclamerai-je leur indulgence, si j'ai dépassé les limites où je devais resserrer le cercle de mes citations. Si le public fait quelque attention à ces recherches et les encourage, je publierai, sous peu, une suite à ce premier travail,

sous le titre d'*Essai de Balistique expérimentale*, qui contiendra une histoire abré-
gée des formules théoriques et des méthodes
proposées et imaginées pour résoudre le
problème de la trajectoire, qui donnera des
formules représentant les principales expériences des portées, et quelques notions sur
les déviations et les méthodes approxima-
tives et pratiques, applicables au perfectionnement de l'usage des armes à feu.

# RECHERCHES BALISTIQUES

sur

# LES VITESSES INITIALES,

## LE RECUL,

### ET LA RÉSISTANCE DE L'AIR.

~~~~~~~~~~~~~~~~~~~~~~~~~~~~~~~~~~~~~~~~~~~~~~~~~~~~~~~~

# CHAPITRE PREMIER.

*Exposition de la Méthode employée dans le cours de l'ouvrage.*

L'INEXACTITUDE et le vague des règles que Hutton a déduites de ses expériences a suggéré l'idée de trouver quelque moyen d'interpolation entre les résultats.

Parmi les formules qui peuvent servir à l'interpolation et à trouver des relations entre les longueurs d'âme $l$, $l'$, $l''$....., et les vitesses initiales correspondantes $v$, $v'$, $v''$....., les deux suivantes :

$$\frac{v}{l^N} = \frac{v'}{l'^N}, \quad (1)$$

$$\frac{v}{v'} = \frac{A^l}{A^{l'}}, \quad (2)$$
~~~~~~~~~~~~~~~~~~~~~~~~~~~~~~~~~~~~~~~~~~~~~~~~~~~~~~~~

sont au nombre de celles qui sont les plus simples, et pour la pratique et pour le calcul : aussi les a-t-on préférées.

En ne considérant d'abord que la formule (1), et en connaissant *à priori* $l$, $l'$, et par expérience $v$, $v'$, on trouve, pour la valeur de l'exposant,

$$N = \frac{\log v - \log v'}{\log l - \log l'}$$

Si l'expérience a fourni d'autres valeurs $v''$, $v'''$, $v^{IV}$....., correspondantes à d'autres longueurs $l''$, $l'''$, $l^{IV}$....., comme il n'y a pas plus de raison pour préférer certaines données à d'autres, on aura autant de valeurs de N qu'il y a d'unités dans $\frac{m\,(m-1)}{2}$, $m$ désignant le nombre total des valeurs $v$, $v'$, $v''$.....

Si la loi existe en effet, et que les expériences soient faites exactement dans les mêmes circonstances, les valeurs de N devront être identiquement les mêmes. Dans la pratique, l'on n'obtiendra presque jamais cette identité, parce que les résultats n'ont pas toute l'exactitude qu'ils devraient avoir, et qu'il se glisse toujours des variations et des irrégularités dans les expériences les mieux faites, et qui ne disparaissent presque jamais entièrement, quel que soit le nombre des résultats que l'on ait accumulés pour obtenir les valeurs moyennes les plus exactes et les plus approchantes possible de la vérité.

Les irrégularités des valeurs de N obligeraient

donc à calculer, à chaque fois, toutes leurs différentes valeurs et à en prendre la moyenne : opération très-longue et très-ennuyeuse, pour peu que $m$ fût grand.

Les erreurs des expériences ne pouvant affecter que les quantités $v$, $v'$, $v''$..., qui entrent dans les numérateurs des valeurs de N, les erreurs elles-mêmes de N seront d'autant moindres que leurs dénominateurs seront plus grands. Ainsi, le dénominateur sera proportionnel à la probabilité de chaque valeur de N.

Partant du principe que, pour avoir la moyenne, il faut diviser la somme des valeurs particulières par leur nombre, et que l'on n'a pas le droit d'exclure, avant cette opération, aucune de ces valeurs particulières, dans le cas où l'on a $a$ moyenne de $b$ résultats, $a'$ moyenne de $b'$ résultats, $a''$ moyenne de $b''$......, il faut diviser

$$ab + a'b' + a''b'' + a'''b''' + \text{etc. } (^*)$$

par la somme

$$b + b' + b'' + b''' + \text{etc. } (^{**})$$

ce qui est évident, puisque la quantité $(^*)$ désigne la somme totale des résultats primitifs, et celle $(^{**})$ leur nombre.

Par conséquent, le nombre des résultats qui ont fourni une moyenne pouvant être regardé comme la probabilité de cette moyenne, il résulte, que, pour obtenir la moyenne la plus exacte de plusieurs résultats, il faut multiplier chacun d'eux par sa probabilité, et diviser la somme des produits partiels par la somme des probabilités. (Principe de M. de Laplace.)

Ainsi, pour avoir la plus exacte des valeurs de N, il faut diviser la somme des numérateurs de chacune d'elles par la somme des dénominateurs.

Le théorème précédent simplifie déjà la recherche de la valeur de N ; mais on peut encore diminuer considérablement la longueur de ce travail. Pour cela, supposons que nous ayons quatre quantités $v$, $v'$, $v''$, $v'''$, et leurs correspondantes $l$, $l'$, $l''$, $l'''$, et ordonnons-les par ordre de grandeur, nous aurons les différens numérateurs

$$\log v - \log v' \qquad \log v' - \log v'' \qquad \log v'' - \log v'''$$
$$\log v - \log v'' \qquad \log v' - \log v'''$$
$$\log v - \log v'''.$$

Toutes ces différences étant positives, on peut les sommer et l'on aura

$$3 \log v + \log v' - \log v'' - 3 \log v'''.$$

$m$ étant le nombre des quantités, l'on voit clairement que l'on aurait

$$(m-1) \log v + (m-3) \log v' + (m-5) \log v''.....$$
$$- (m-1) \log v^{(m-1)}.$$

Le même algorithme ayant lieu pour le dénominateur, la valeur moyenne de N peut être exprimée par la formule

$$N = \frac{(m-1)l.v + m(-3)l.v' + (m-5)l.v'' \ldots - (m-3)l.v^{(m-2)} - (m-1)l.v^{(m-1)}}{(m-1)l.l + (m-3)l.l' + (m-5)l.l'' \ldots - (m-3)l.l^{(m-2)} - (m-1)l.l^{(m-1)}} \cdot (4)$$

Ce que l'on vient de dire des longueurs d'âme comparées aux vitesses initiales, on peut le dire des charges comparées aux reculs, et en général d'une foule de quantités par rapport à d'autres.

Pour rendre les raisonnemens plus clairs, l'on continuera de se servir du premier exemple, et le lecteur devra regarder les mots *vitesse initiale* et *longueur d'âme* comme des signes algébriques qui peuvent représenter toute espèce de quantités.

De la formule (1) on tire

$$\log v' = \log v - N \log l + N \log l'$$

l'on a encore

$$\left. \begin{aligned} \log v &= \log v'' - N \log l'' + N \log l \\ \log v' &= \log v'' - N \log l'' + N \log l' \end{aligned} \right\} \cdot (5)$$

Ainsi, pour chaque quantité $v$, $v'$, $v''$...., l'on a autant de valeurs différentes que l'on a de quantités $v$, $v'$, $v''$.... Mais voici un moyen d'abréger ce dernier calcul, et d'arriver immédiatement à la moyenne de chacune des quantités $v$, $v'$, $v''$....

L'équation

$$\frac{v}{l^N} = \frac{v'}{l'^N}$$

peut être considérée comme provenante de l'élimi-

( 6 )

nation de la quantité B entre les deux équations

$$\left.\begin{aligned}\frac{v}{l^N} &= B \\[4pt] \frac{v'}{l'^N} &= B\end{aligned}\right\} . \; (6)$$

En passant aux logarithmes, elles deviennent

$$\left.\begin{aligned}\log v - N \log l &= \log B \\ \log v' - N \log l' &= \log B\end{aligned}\right\} . \; (7)$$

et donnent, par l'élimination de N, la valeur de log. B :

$$\log B = \frac{\log v \log l' - \log v' \log l}{\log l - \log l'} , \; (8)$$

formule qui donne B sans avoir besoin de connaitre N, mais qui, dans ce cas, aurait, comme la quantité N, autant de valeurs particulières qu'il y a d'unités dans $\frac{m(m-1)}{2}$ ($m$ désignant toujours le nombre des quantités $v$, $v'$ $v''$....), et que l'on ne pourrait se dispenser de calculer.

C'est pour cette raison que l'on se contente de calculer la quantité B par les formules (7), et l'on ne trouve de cette manière que $m$ valeurs différentes de log B, dont il faut prendre la moyenne. Chaque valeur moyenne de $v$ sera donnée par la formule

$$\log v = \log B + N \log l . \; (9)$$

Si l'une des suites croît en sens inverse de l'autre, la valeur de N prend la forme

$$N = \frac{\log v - \log v'}{\log l' - \log l}, \quad (10)$$

et log B, celle

$$\log B = \log v + N \log l. \quad (11)$$

Dans ce cas, chaque valeur particulière de $v$ sera donnée par les formules

$$\left.\begin{aligned}\log v' &= \log v + N \log l - N \log l' \\ \log v' &= \log v'' + N \log l'' - N \log l'\end{aligned}\right\}, \quad (12)$$

et la valeur moyenne de $v$, par celle

$$\log v = \log B - N \log l, \quad (13)$$

où l'on doit prendre pour log B sa valeur moyenne.

Par la formule (1) et celle (6), la suite $v, v', v''\ldots$ est censée avoir ses différens termes proportionnels à ceux de la seconde $l, l', l''\ldots$ élevés à la puissance N. Comme l'on n'a pas fait d'hypothèse sur les relations que les quantités $v, v', v''\ldots$ ont entre elles, l'on peut supposer qu'elles croissent en progression géométrique ; en vertu de la proportionnalité des termes correspondans, la suite

$$l^N, l'^N, l''^N \ldots$$

devra être aussi en progression géométrique, ayant même raison que la première ; les racines $N^{\text{ièmes}}$ de

chaque terme étant encore en progression géométrique, les quantités $l$, $l'$, $l''$... seront aussi en progression géométrique ; seulement la raison $r$ de cette
dernière progression, élevée à la puissance N , sera
égale à la raison R de la première suite $v$, $v'$ $v''$... :
on aura donc

$$R = B r^{N} \left.\right\}$$
$$R^2 = B r^{2N} \left.\right\}, \quad (14)$$
$$R^3 = B r^{3N} \left.\right\}$$

d'où l'on déduira N par la formule

$$N = \frac{\log R}{\log r}, \quad (15)$$

et $\log B$ , par celle

$$\log B = \log R - \log r. \quad (16)$$

L'on ne s'arrêtera pas à faire voir l'avantage de
la méthode exponentielle sur celle de déduire les
mêmes valeurs par les progressions géométriques.

Dans la formule (2)

$$\frac{v}{v'} = \frac{A^l}{A^{l'}},$$

si l'on connaît $v$, $v'$, $l$, $l'$, on aura A par la formule

$$\log A = \frac{\log v - \log v'}{l - l'}. \quad (17)$$

Si $v$, $v'$, sont les quantités qu'il s'agit de connaître,
l'erreur provenante des incertitudes des observations et des irrégularités des expériences diminuera dans le même rapport que le dénominateur

augmentera ; par conséquent l'expression générale
et moyenne de logarithme A sera

$$\log A = \frac{(m+1)l.v+(m-3)l.v'+(m-5)l.v''\ldots-(m-3)l.v^{(m-2)}-(m-1)l.v^{(m-1)}}{(m-1)\ l\ +(m-3)\ l'\ +(m-5)\ l''\ldots-(m-3)\ l^{(m-2)}-(m-1)\ l^{(m-1)}}, \quad (18)$$

$m$ désignant le nombre des quantités $v$, $v'$, $v''\ldots$

Si l'on avait à calculer les quantités $l$, $l'$, $l''\ldots$,
elles seraient affectées des erreurs provenantes des
expériences, et, ne pouvant plus employer la formule algorithmique précédente, il faudrait réduire
en décimales chaque valeur de log A donnée par
la formule (17), et prendre la moyenne arithmétique de toutes ces valeurs.

On trouve chaque valeur particulière de $v'$ par les
formules

$$\left. \begin{aligned} \log v' &= \log v - l \log A + l' \log A \\ \log v' &= \log v'' - l'' \log A + l' \log A \end{aligned} \right\} . \quad (19)$$
$$\ldots\ldots\ldots\ldots\ldots\ldots\ldots\ldots\ldots\ldots$$

La formule (2) peut être considérée comme provenante de l'élimination de $\alpha$, entre les deux équations

$$\left. \begin{aligned} v' &= \alpha\, A^l \\ v &= \alpha\, A^{l'} \end{aligned} \right\} . \quad (20)$$

qui donnent

$$\log \alpha = \frac{l' \log v - l \log v'}{l' - l}, \quad (21)$$

formule dont on ne peut se servir, à cause de la
longueur des calculs, pour obtenir la valeur
moyenne de logarithme $\alpha$ ; et l'on doit employer

celle

$$\log \alpha = \log v - l \log A . \quad (22)$$

Connaissant la valeur moyenne de $\log \alpha$, l'on a la valeur moyenne de $v$ par la formule

$$\log v = \log \alpha + l \log A . \quad (23)$$

Semblablement à la formule (1), dans la formule (2), quand les quantités $v, v', v''\ldots$ croissent en progression géométrique, celles $l, l', l''\ldots$ augmentent aussi de leur côté en progression arithmétique.

Si l'on donne le rapport R de la progression géométrique, et la différence $\delta$ de la progression arithmétique, et que l'on demande la valeur de $\log A$ et $\log \delta$, l'on aura, par supposition,

$$\left.\begin{array}{l} R\,\alpha = A^{\delta} \\ R^{2}\alpha = A^{2\delta} \\ R^{3}\alpha = A^{3\delta} \end{array}\right\} . \quad (24)$$

Divisant chacune de ces équations par la précédente, l'on trouvera

$$R = A^{\delta} ;$$

d'où

$$\log A = \frac{\log R}{\delta} . \quad (25)$$

Connaissant $\log A$, l'on aura $\log \alpha$ par la formule

$$\log \alpha = - \delta \log A + \log R . \quad (26)$$

L'on doit penser que les deux méthodes que l'on vient d'exposer, celle exponentielle et celle logarithmique, n'ont pas pu être employées dans tous les cas ; un exemple remarquable de cette difficulté se rencontre dans la comparaison des vitesses initiales aux charges.

Alors on peut se servir de l'interpolation parabolique, comme la plus simple et la plus à portée de la plupart des personnes, et celle qui réussit dans tous les cas. Mais cette méthode exigeant la détermination d'autant de constantes que de quantités à interpoler, l'on n'est jamais sûr de l'exactitude de la formule trouvée pour calculer les valeurs intermédiaires entre celles données ou connues. Aussi vaut-il mieux se contenter ordinairement d'une simple moyenne arithmétique entre les deux résultats les plus voisins.

Nos deux méthodes ne sont pas sujettes au même inconvénient que l'interpolation parabolique, parce que l'on s'assure, par les différentes valeurs de log B, de l'exactitude que l'on doit espérer dans les valeurs intermédiaires entre celles données ou connues.

*Moyen d'avoir une idée de l'exactitude et de la véracité des lois trouvées par nos méthodes d'interpolation.*

Il est présumable qu'en prenant la moyenne de toutes les valeurs obtenues pour la vitesse correspondante à la même longueur d'âme, cette moyenne approchera beaucoup plus de la véritable vitesse mathématique que toutes les autres valeurs qui ont concouru à la former, ou du moins ce sera cette moyenne qui aura la plus grande probabilité en sa faveur. Alors, prenant les différences entre cette moyenne et chacune de ces valeurs, l'on devra admettre que ces différences sont les erreurs, dont chacune de ces valeurs s'écarte de la véritable vitesse ou de la vérité. Si l'on veut comparer ces erreurs à d'autres erreurs commises dans des valeurs qui ont une moyenne plus grande ou plus petite que la première, on sera obligé, pour faire cette comparaison, de prendre les rapports de ces erreurs ou différences à leurs moyennes correspondantes. En faisant ces dernières opérations, ou en prenant ces rapports relativement à chacune des moyennes, on verra de suite que ces rapports peuvent différer pour la même moyenne, mais qu'ils sont identiquement les mêmes que ceux obtenus pour les autres moyennes; ainsi il suffit de faire cette opération pour une seule moyenne.

En prenant la moyenne de tous ces rapports, on aura évidemment l'erreur moyenne commise, soit par la loi éprouvée, soit par les variations et les inexactitudes des expériences.

Mais si la loi éprouvée n'était pas véritablement celle de la nature, pour reconnaître le degré de son exactitude, il faudrait chercher les rapports des erreurs entre chaque moyenne trouvée par le calcul et le résultat donné par l'expérience, regardant toujours ce dernier comme le véritable. Cette dernière opération conduit aux mêmes rapports que ceux donnés par la première méthode; ainsi l'on peut employer indifféremment l'une des deux.

Ordinairement, pour diminuer la longueur des calculs, l'on n'a pas cherché en nombres les différentes valeurs de la même vitesse, et l'on s'est contenté de prendre la moyenne de leurs logarithmes, parce qu'elle diffère très-peu de celle arithmétique; seulement elle est toujours un peu moindre.

Pour apprécier cette différence, l'on représente par $x + a$, $x + b$, $x + c$, etc., les résultats de l'expérience, et la moyenne géométrique est donnée par la formule

$$\sqrt[m]{(x+a)\ (x+b)\ (x+c)\ (x+d)\ \text{etc.}}$$

Élevant cette quantité à la puissance $m$, et développant, on trouvera

$$
\begin{array}{l|l|l|l}
x^m + a & x^{m-1} + ab & x^{m-2} + abc & x^{m-3} + \text{etc.} \\
\phantom{x^m} + b & \phantom{x^{m-1}} + ac & \phantom{x^{m-2}} + abd & \\
\phantom{x^m} + c & \ldots\ldots & \ldots & \\
\phantom{x^m} + d & \ldots\ldots & \ldots & \\
\phantom{x^m} + \text{etc.} & \phantom{x^{m-1}} + bc & & \\
& \phantom{x^{m-1}} + bd & & \\
& \ldots\ldots & & \\
& \ldots\ldots & &
\end{array}
$$

Si $x$ exprime la moyenne arithmétique, on aura

$$a + b + c + d + \text{etc.} = 0,$$

ce qui anéantira le second terme.

Le troisième terme serait encore nul, si l'on y ajoutait

$$\tfrac{1}{2}\left(a^2 + b^2 + c^2 + d^2 + \text{etc.}\right).$$

Quand au quatrième terme, pour l'anéantir, il

faut lui ajouter

$$\frac{a^2}{2}(b+c+d+..)+\frac{b^2}{2}(a+c+d+..)+\frac{c^2}{2}(a+b+d+..)+\text{etc.}$$

$$+\frac{a^3}{6}+\frac{b^3}{6}+\frac{c^3}{6}+\text{etc.}$$

Pour annuler le terme

$$\frac{a^2}{2}(b+c+d+\text{etc.}\times)$$

il suffit de l'augmenter du terme $\frac{a^2}{2}$, et par consé-quent ce terme est équivalent à $\frac{a^3}{2}$.

La quantité dont on doit augmenter le quatrième terme du développement deviendra

$$-\tfrac{1}{2}(a^2+b^2+c^2+d^2+\text{etc.})$$
$$+\tfrac{1}{6}(a^3+b^3+c^3+d^3+\text{etc.})+\text{etc.}$$

ou

$$-\tfrac{1}{3}(a^3+b^3+c^3+d^3+\text{etc.}).$$

Dans l'hypothèse de $x$ moyenne arithmétique, les quatre premiers termes du développement pour-ront être représentés par

$$x^m\ \begin{array}{l}-\ a^2\\-\ b^2\\-\ c^2\\-\ \text{etc.}\end{array}\ \left|\ \tfrac{1}{2}\ x^{m-2}\ \begin{array}{l}+\ a^3\\+\ b^3\\+\ c^3\\+\ \text{etc.}\end{array}\right|\ \tfrac{1}{3}\ x^{m-3}-\text{etc.}$$

Chacune des quantités composant le troisième terme est très-petite à l'égard de la quantité corres-pondante du second terme ; de plus, ces quantités, étant de différens signes, se réduisent dans le troisième, tandis que cela n'a pas lieu dans le second. Ainsi, pour connaître l'erreur cherchée, il suffit d'avoir égard à la quantité

$$x^m - \tfrac{1}{2}\left(a^2 + b^2 + c^2 + \text{etc.}\right) x^{m-2}.$$

La division par $x^m$ donnera

$$1 - \frac{1}{2x^2}\left(a^2 + b^2 + c^2 + \text{etc.}\right).$$

Si l'on fait attention que $\frac{a}{x}$, $\frac{b}{x}$, $\frac{c}{x}$, etc., expriment les rapports des erreurs de chaque résultat avec la moyenne, et que ces rapports sont les mêmes que ceux que l'on obtient en prenant les rapports des erreurs des moyennes avec les données de l'expérience, l'on aura, dans tous les cas, le moyen d'évaluer l'erreur occasionée par notre nouvelle méthode de prendre les moyennes.

De plus, dans le cas où l'on reconnaîtrait que l'erreur serait trop considérable, cette même formule donnerait le moyen de la rectifier, en ajoutant à la première moyenne la quantité qu'elle fournirait.

Pour chaque loi, l'on a eu soin de prendre les différences, avec les données de l'expérience, des moyennes obtenues, en déduisant de chaque donnée toutes les autres. Voici l'usage que l'on a fait des rapports de ces différences aux données de l'expérience, pour apprécier l'exactitude et la véracité de la loi qui les avait fournies.

Si l'on suppose, toutes choses égales, que l'on tire un grand nombre de coups en tâchant de rendre nulles toutes les causes qui peuvent influer sur les résultats, que l'on prenne la moyenne de tous ces résultats, et que l'on cherche la différence de chacun de ces derniers avec la moyenne, la somme de toutes ces différences, divisée par le nombre des résultats, sera ce que l'on appelle l'*erreur moyenne* à craindre pour chaque résultat.

Cette erreur moyenne sera d'autant plus exacte que l'on aura tiré un plus grand nombre de coups.

Si l'on connaissait d'avance cette erreur moyenne $e$, et que l'on ne tirât qu'un seul coup qui donnât $a$, il y aurait autant à parier pour que contre, que le véritable résultat que l'on aurait dû obtenir se trouverait compris entre $a - e$ et $a + e$. Si l'on tirait un certain nombre de coups, les limites $a - e$ et $a + e$ se rapprocheraient, et la moyenne résultante du nombre des coups tirés mériterait une confiance d'autant plus grande, que l'on aurait tiré un plus grand nombre de coups.

Quant à la loi de la diminution des erreurs moyennes, on sait que Scharnost, auteur d'un ouvrage estimé sur l'artillerie, admet et a trouvé, par un grand nombre d'expériences, « que la différence des portées moyennes décroît à peu près en raison directe du nombre des coups dont elles sont extraites. » Ce qui l'a conduit à ce principe, c'est qu'il a remarqué « qu'en comparant entre elles les portées moyennes de quatre coups (de canon ou de mortier), toutes circonstances égales, leur différence ne forme pas communément plus de la moitié, pour huit coups plus de $\frac{1}{4}$, et pour seize coups plus de $\frac{1}{8}$

de la différence des coups particuliers. De sorte
que la différence des portées moyennes décroît à
peu près en raison directe de l'accroissement du
nombre des coups dont elles sont extraites. »

Ce principe paraît confirmé par le passage suivant, extrait de l'introduction du Calcul des Probabilités, de Laplace.

« On aura le résultat moyen en divisant la somme
des résultats particuliers par leur nombre. Pour
avoir l'erreur à craindre en plus ou en moins sur
ce résultat, nous observerons que cette erreur est la
somme des produits de chaque erreur possible par
sa probabilité. Une erreur, soit positive, soit négative, devant être considérée comme une perte
au jeu, on doit évaluer l'erreur moyenne comme
on évaluerait une perte moyenne. En déterminant
par l'analyse des fonctions génératrices l'expression
de cette erreur, on trouve qu'elle a pour facteur
une quantité dépendante de la loi des probabilités
de chaque résultat : cette loi nous est inconnue ;
seulement il est naturel d'admettre que les erreurs
positives sont aussi probables que les autres. Mais
en déterminant par la même analyse la somme des
carrés des erreurs des observations, j'ai reconnu
qu'elle a le même facteur ; de là j'ai conclu la règle
suivante :

« L'erreur moyenne est une fraction dont le
numérateur est la racine carrée de la somme des
carrés de ces différences, et dont le dénominateur
est le produit du nombre des résultats par la racine
carrée du rapport de la circonférence au rayon. »

Quand les circonstances restent les mêmes, la somme des carrés des erreurs possibles ou probables ne change pas, et par conséquent l'erreur moyenne diminue en raison directe de l'accroissement du nombre des coups : ce qui donne à peu près la même règle que celle de Scharnost ; seulement ce dernier semble supposer que pour deux résultats on a la même erreur à craindre que pour un seul, et cela pour pouvoir assurer sans doute que sa règle indique une approximation moins considérable que celle qui existe réellement.

Si l'on désigne par $e$ l'erreur à craindre pour un seul résultat, celle à craindre pour $n$ résultats sera, d'après Laplace, $\frac{a}{n}$, formule que j'ai adoptée.

$a$ étant le rapport des erreurs données par la formule et les résultats de l'expérience, $b$ celui des erreurs dont les données sont probablement affectées, $a - b$ sera celui des erreurs dues seulement à la formule.

*De la meilleure manière de prendre les moyennes dans les expériences.*

L'importance des moyennes, dans la plupart des expériences physiques et pratiques, et pour le perfectionnement des arts, semble exiger que l'on en dise encore quelques mots.

Il est indubitable que, dans une suite de valeurs

de la même quantité , celles qui approchent le plus de la véritable valeur de cette quantité sont en plus grand nombre , et que leurs probabilités augmentent dans le même rapport que leurs différences diminuent. Si l'on suppose, pour fixer les idées , que les signes $a_1, a_2, a_3 \ldots a_{(2n-1)} a_{(2n)}$ , désignent ces différentes valeurs par ordre de grandeur, en les classant dans l'ordre suivant

$$a_1 \qquad a_2 \qquad a_3 \ldots \ldots \ldots a_{(n-1)} \quad a_{(n)}$$

$$a_{(2n)} \qquad a_{(2n-1)} \qquad a_{(2n-2)} \ldots a_{(n+2)} \quad a_{(n+1)}$$

on les décomposera en $\frac{n}{2}$ groupes composés de deux quantités, dont les erreurs probables de la moyenne iront en diminuant à mesure que l'on s'avancera de la gauche vers la droite. Ainsi, si l'on supprime un petit nombre de groupes vers la gauche, la moyenne générale des quantités restantes approchera beaucoup plus de la véritable valeur de la quantité cherchée, que si l'on avait pris la moyenne sur toutes les quantités, sans en négliger aucune. L'on s'est assuré par de nombreux exemples, et par le moyen suivant, que la suppression pouvait aller jusqu'à près de la moitié des groupes.

| | Moyennes ordinaires. | Moyennes en supprimant un groupe. | Moyennes en supprimant deux groupes. | Moyennes en supprimant trois groupes. |
|---|---|---|---|---|
| | — | — | — | — |
| 738 1114 899 891 918 848 790 820 811 | 869,9 | 853,9 | 853,8 | 853 |
| 891 795 757 754 693 741 830 892 954 | 809,7 | 805,7 | 802,8 | 794 |
| 1085 844 801 770 1019 795 823 727 644 | 834 | 822,4 | 802,1 | 799 |
| 860 751 771 905 792 749 980 850 775 | 823,4 | 814,3 | 809,2 | 805 |

En prenant les rapports des erreurs de ces différentes moyennes avec leur propre moyenne générale, on trouve, pour les moyennes ordinaires,
0,0283; pour les moyennes avec un groupe supprimé, 0,0181; et, pour celles où l'on a supprimé
deux groupes, 0,0171 : ainsi l'on fera bien de ne
supprimer, avant de prendre les moyennes, que le
quart ou tout au plus le tiers des groupes.

Les résultats précédens ne sont pas imaginaires;
ils ont été pris dans les procès verbaux journaliers
des expériences faites, en 1764, à Strasbourg, lors
de l'établissement du système Gribeauval. Ils se
rapportent à la pièce de 8, ayant 6 pieds 6 pouces
7 lignes à la longueur de l'âme, une charge de deux
livres et demie, une ligne de vent, et étant pointée
sous l'angle de 6 degrés. Le tir s'exécuta, par un
beau temps, en trois séances, dans les journées des
9 et 10 juillet; et nous les avons rangés en prenant
alternativement un coup de chaque séance.

Dans les recherches sur la résistance de l'air, l'on
trouve, avec l'exposant 2,25, pour la pièce d'une
livre de balles et les charges de

$$16 \qquad 4 \qquad 3 \qquad 1 \qquad \tfrac{3}{4} \qquad \tfrac{1}{2},$$

les valeurs de N

$$
\begin{aligned}
&280\ldots298\ldots158\ldots138\ldots\ 63\ldots\ 268 \\
&303\ldots340\ldots395\ldots\ 15\ldots343\ldots\ 88 \\
&200\ldots343\ldots338\ldots292\ldots\ 83\ldots1243 \\
&398\ldots707\ldots113\ldots260 \\
&253\ldots\ 83\ldots235 \\
&696\ldots240\ldots933.
\end{aligned}
$$

Les moyennes ordinaires sont

$$378\ldots338\ldots393\ldots176\ldots122\ldots402$$

En ôtant un groupe ou deux résultats, on a

$$309\ldots305\ldots282\ldots199\ldots(a)$$

Par la première méthode, on trouve 0,294 pour le rapport des erreurs des moyennes, et par la seconde , 1,146.

Le principe que chaque valeur d'une même quantité est d'autant plus probable que sa différence avec la moyenne est plus petite, conduit à une méthode de prendre les moyennes assez ingénieuse, mais beaucoup trop laborieuse.

D'après le principe ci-dessus, on admet, dans les *Annales de Mathématiques* de M. Gergonne, pour le commencement de 1822, que la probabilité d'une valeur quelconque sera donnée par l'unité, divisée par sa différence; on réduit chaque probabilité en fraction décimale, on multiplie chaque donnée par sa probabilité, et l'on divise la somme des produits partiels par la somme des probabilités.

Le grand inconvénient de cette méthode, d'après M. Gergonne, c'est que, quand on prend l'une des données pour moyenne primordiale, on ne peut plus lui trouver aucune correction, quelque éloignée qu'elle soit de la véritable moyenne.

Pour éviter cet inconvénient, il paraîtrait convenable d'augmenter la différence d'une unité, augmentation qui, dans la plupart des cas, altérerait peu la probabilité, et qui, dans le cas men-

tionné ci-dessus, aurait l'avantage de ne multiplier
la donnée prise pour moyenne primordiale que
par l'unité, au lieu de la multiplier par l'infini ;
ce qui semblerait plus convenable et mieux appro-
prié à l'esprit du calcul des probabilités, où la
certitude est représentée par l'unité.

En partant des moyennes $(a)$, on trouve les
moyennes

$$301\ldots\ldots310\ldots\ldots287\ldots\ldots203\ldots\ldots(b),$$

qui donnent le rapport des erreurs 0,142 un peu plus
approché que celui avec les moyennes $(a)$. On peut
se servir de ces dernières pour en déduire des nouvelles, qui différeront moins de celles $(b)$ que celles-ci
ne diffèrent de celles $(a)$, et répéter l'opération jusqu'à ce que l'on arrive à des moyennes qui ne changent plus. Le moyen d'abréger l'opération serait
d'avoir une table en trois colonnes : la première,
contenant toutes les fractions ordinaires depuis $\frac{1}{2}$
jusqu'à $\frac{1}{1000}$ ; la seconde, ces mêmes fractions, réduites en décimales ; et la troisième, les logarithmes
de ces mêmes fractions. Mais l'on aura beau faire
pour tâcher d'abréger cette méthode, ces calculs
seront toujours d'une longueur si rebutante, qu'elle
ne sera mise en usage que dans les opérations un
peu délicates.

Quand on voudra prendre, de cette manière, la
moyenne des moyennes, chaque probabilité se
composera de l'unité, divisée par la différence,
augmentée de l'unité, ou de $\frac{1}{d+1}$, multiplié par

le nombre de coups qui ont concouru à former la moyenne en question.

Au reste, ces deux dernières méthodes ne doivent être employées que pour des quantités qui seraient théoriquement identiques, et jamais pour moins de quatre résultats.

Elles doivent être proscrites aussi quand il s'agit de prendre la moyenne de quantités où les erreurs en dessus ne sont pas aussi probables que celles qui leur sont équivalentes en dessous. Les déviations des projectiles sont dans ce cas.

# CHAPITRE II.

## *Exposé des expériences.*

Hutton fit ses premières expériences en 1775, avec une pièce 2,16 pouces de calibre et de 42,6 pouces de longueur d'âme, et il employa des projectiles pesant jusque près de trois livres.

Celles qui servent de principale base à ce travail sont celles faites en 1783, 1784, 1785, 1786, et traduites par le colonel Willantroys.

Pour rendre compte de la manière dont Hutton a exécuté ses expériences, l'on se servira, autant que possible, des termes employés dans la traduction précédente.

Dans l'artillerie, la plupart des résultats dépendent de la vitesse avec lequel le boulet sort de la pièce. « Cette vitessse est fort grande, puisqu'elle est de mille à deux milles pieds et plus par seconde. Pour l'estimer convenablement, il faut commencer par la ramener à être dans une proportion connue avec une beaucoup moindre. On conçoit que cela peut se faire, en supposant que le boulet projeté avec une grande vitesse frappe quelque objet très-pesant, comme un gros bloc de bois, duquel il ne rebondisse point; de sorte qu'après le choc, ils continuent leur marche tous deux ensemble avec une vitesse commune. Il est clair qu'en donnant au corps frappé une masse assez considérable, on peut réduire la vitesse primitive du boulet en toute proportion, et à une vitesse telle, qu'on puisse la mesurer commodément. On sait, en effet, qu'alors la vitesse avec laquelle le boulet et le bloc de bois se meuvent ensemble est à la vitesse du boulet, avant le choc, comme la masse du boulet est à celle du boulet et du bloc réunis. On peut, par ce moyen, réduire des vitesses de mille pieds par seconde à d'autres de deux ou trois pieds seulement ; en mesurant ces dernières par des moyens convenables, et les multipliant par le rapport des masses réunies du boulet et du bloc à celle du boulet, on trouvera les vitesses du boulet avant et au moment du choc.

« Ces vitesses, réduites, peuvent se mesurer facilement par un moyen simple et ingénieux, imaginé par Robins. Au lieu de laisser le bloc de bois frappé par le boulet se mouvoir librement dans la direction du mouvement du boulet, on le suspend comme la lentille du pendule d'une horloge, par le moyen d'une forte tige de fer, à l'extrémité supérieure de laquelle est un axe horizontal, au moyen duquel il oscille librement lorsqu'il est frappé par le boulet. On voit aisément l'effet de cette invention simple. Le boulet, en frappant le pendule, s'y enfoncera à une certaine profondeur, et le pendule oscillera autour de son axe, en décrivant un arc dont la grandeur dépendra de la force du coup qu'il aura reçu. Au moyen de l'arc décrit par le pendule, on peut aisément calculer la vitesse de chacun de ses points, car un corps acquiert la même vitesse en tombant d'une hauteur donnée, soit qu'il descende verticalement, ou de toute autre manière. La longueur de l'arc décrit par le centre d'oscillation du pendule, ainsi que le rayon de cet arc, étant donnés, on en connaît le sinus verse, qui est la hauteur verticale de laquelle descend ce point de pendule. Cette hauteur étant connue, la vitesse acquise en la parcourant se trouve par les lois connues du mouvement des corps graves. La vitesse de ce centre, étant ainsi trouvée, donne celle de tout le pendule, au moyen de laquelle on détermine celle du boulet avant le choc, par le rapport connu des masses du boulet et du pendule. On voit que la détermination de l'extrême vitesse du boulet se réduit à mesurer la grandeur de l'arc décrit par le pendule en vertu du choc.

« Cet arc peut se mesurer de différentes manières. Dans les expériences qui vont suivre, on l'a déterminé en mesurant sa corde, qui est la ligne la plus utile pour le calcul qu'il y a à faire, et cette corde a été mesurée, tantôt au moyen d'un ruban attaché au bas du pendule par une de ses extrémités, et dont le reste glissait au travers d'une machine imaginée pour cela, tantôt par la trace qu'une pointe fixée au bas du pendule imprimait dans un arc dont le centre était au milieu de l'axe du pendule, et couvert d'une composition d'une consistance convenable, que l'on décrira dans la suite.

« Une autre manière de mesurer la vitesse du boulet,
est d'observer l'arc décrit par le recul du canon, que
l'on aura suspendu comme le pendule. En chargeant le canon de différens poids, on peut réduire
ses oscillations à des arcs commodes à mesurer.
La grandeur de ces arcs dépendra de la vitesse du
boulet, ou de la force de la poudre enflammée,
l'action et la réaction étant égales et contraires ;
c'est-à-dire que la vitesse du boulet sera plus grande
que celle du centre d'oscillation du canon, dans le
rapport du poids du canon à celui du boulet.
Ainsi, calculant la vitesse du centre d'oscillation du
canon par la corde de l'arc décrit par le recul, on
trouvera celle du boulet, en faisant la proportion
suivante : Le poids du boulet est à celui du canon
comme la vitesse du canon est à celle du boulet,
en supposant que le poids de la poudre ne contribue en rien au recul.

« Cette description peut suffire pour donner une
idée générale de la nature des expériences à faire
pour déterminer la vitesse avec laquelle les boulets
sont lancés des pièces de canon par des charges de
poudre quelconques, et des principes sur lesquels
elles sont fondées. Mais il faut observer qu'indépendamment du centre d'oscillation et des poids du
boulet du pendule et du canon, l'effet du choc dépend aussi de l'emplacement du centre de gravité
du pendule et du canon, et du point frappé par le
boulet, qui est celui où s'exerce la force qui agit
sur le pendule. La grandeur de l'arc d'oscillation
dépend de la situation de ces deux points. Il est

donc nécessaire de donner une description plus détaillée des machines dont on a fait usage, et des méthodes qu'on a employées pour trouver les données nécessaires au calcul; nous procéderons ensuite à la recherche des règles à suivre pour déterminer la vitesse du boulet dans tous les cas, d'après ces données, et la corde de l'arc d'oscillation, soit du pendule, soit du canon.

*Dimension des différens objets ayant servi à faire les expériences.*

« Les canons qu'on a employés, fondus à Woolwich, et forés avec toute la précision possible, avaient les dimensions suivantes :

| NUMÉRO du canon. | LONGUEUR de | | | | DIAMÈTRE à | | DIAMÈTRE de l'âme. | POIDS. |
| | la pièce. | | l'âme. | | la culasse. | la bouche. | | |
| | calibres. | pouces. | calibres. | pouces | pouces. | pouces | pouces | livres. |
|---|---|---|---|---|---|---|---|---|
| 1. | 15 | 30,30 | 13,91 | 28,2 | 7,85 | 6,88 | 2,02 | 290 |
| 2. | 19,98 | 40,35 | 18,86 | 38,1 | 7,43 | 5,92 | 2,02 | 289 |
| 3. | 29,2 | 60 | 28,4 | 57,37 | 6,73 | 4,68 | 2,02 | 295 |
| 4. | 41,04 | 82,9 | 39,55 | 79,9 | 6,1 | 4,31 | 2,02 | 378 |
| 5. | 40,84 | 82,5 | 39,83 | 80,47 | 6,47 | 4 | 2,02 | 502 |

En divisant chaque longueur d'âme exprimée en

pouces par le calibre 2,02 pouces, on trouvera
que la longueur d'âme en calibres est un peu différente de celle ci-dessus, et qu'elle est de

$$13,960 \qquad 18,861 \qquad 28,400 \qquad 39,555.$$

«Comme les pièces devaient être suspendues par
leurs tourillons, afin de pouvoir observer le rapport qu'il y aurait entre la vitesse du boulet et l'arc
décrit par le recul du canon, oscillant autour d'un
axe, on avait fondu différens poids de plomb qui
s'adaptaient exactement sur les tourillons, afin de
rendre la pièce assez pesante pour que l'arc de recul ne fût pas d'une grandeur incommode. De ces
poids, les uns étaient destinés à s'ajuster sur les
tourillons mêmes, et d'autres devaient embrasser
les premiers; tous joignaient avec précision et
étaient fixés par des boulons qui traversaient toutes
les pièces. Ils étaient de différentes grandeurs, de
manière à pouvoir réduire les pièces de canon
toutes à la même pesanteur de 917 livres, en y
comprenant 188 livres de serrures qui formaient la
tige à laquelle la pièce était suspendue. C'est ainsi
que se sont faites la plupart des expériences, et
lorsqu'il a été fait quelque changement sur ce point
ou sur tout autre, il en a toujours été tenu compte
exactement. Ce poids de 917 livres a été composé,
suivant les différentes pièces, en serrures et en
plomb, ainsi qu'il suit :

| NUMÉROS. | CANON. | PLOMB. | FER. | TOTAL. |
| --- | --- | --- | --- | --- |
| 1. | 290 | 439 | 188 | 917 |
| 2. | 289 | 440 | 188 | 917 |
| 3. | 295 | 434 | 188 | 917 |
| 4. | 578 | 551 | 188 | 917 |
| 5. | 502 | 227 | 188 | 917 |

« Tels étaient les poids dans le commencement ;
mais au bout de quelque temps, on a allongé et
renforcé les ferrures de la tige, ce qui a augmenté
leur poids de 11 livres, et le tout s'est trouvé peser
928 livres.

« Le pendule était formé d'un bloc de bois
contre lequel on tirait les boulets, lié par d'épaisses
bandes de fer à une forte tige, à laquelle il était
suspendu, et qui portait un axe à sa partie supérieure. Les extrémités cylindriques de l'axe du canon, de même que celui du pendule, étaient d'abord
placées de manière à tourner sur des faces en fer
plates et polies ; et pour empêcher l'axe de se déplacer en glissant en avant ou en arrière, on l'avait
contenu avec des chevilles de fer verticales. Cette
méthode causant trop de frottement, on a donné

de la convexité aux plaques de fer qui servaient de
supports aux extrémités de l'axe, et on a placé les
chevilles qui devaient le maintenir, de manière à ne
pas le toucher tout-à-fait ; l'axe avait, par ce moyen,
un peu de jeu, et le frottement était moindre qu'auparavant. Cependant, pour le diminuer encore, on
a donné une sorte de tranchant aux parties inférieures des extrémités de l'arc, à peu près comme
au couteau d'une balance, et on les a fait tourner
dans des espèces d'encastremens, dont les deux
extrémités étaient plus basses que le milieu, et qui
ressemblaient à un cylindre courbé. Par ce moyen,
le tranchant de l'axe touchait les encastremens, non
pas par une ligne, mais seulement par un point ;
alors il oscillait avec la plus grande liberté, n'ayant
qu'un frottement presque imperceptible.

« On a commencé par mesurer la corde de l'arc
d'oscillation du canon et du pendule, au moyen
d'un ruban étroit, divisé en pouces et en dixièmes
de pouces, comme dans les expériences de 1775.
On avait cependant imaginé une nouvelle manière
de le faire jouer. Au bas du pendule ou au-dessous
de la pièce de canon, on avait fixé une languette
de fer qui pouvait s'élever ou se baisser au moyen
d'une vis. Cette languette était fendue dans sa partie inférieure, pour recevoir le bout de ruban, qui
était serré dans cette fente au moyen d'une seconde
vis. Immédiatement au-dessous, le ruban passait
entre deux lames de fer qui pouvaient s'approcher
ou s'éloigner l'une de l'autre, à volonté, au moyen
de deux vis. Ces deux lames étaient soutenues sur

une tige verticale qui était attachée à un gros bloc
de bois, de manière à pouvoir s'élever ou s'abais-
ser à volonté, au moyen d'une vis. L'une de ces
deux lames avait été faite assez longue pour que le
ruban ne pût pas atteindre à ses extrémités, et s'y
embarrasser dans l'aller et le retour des oscillations.
Il est clair que la longueur du ruban tiré dans une
oscillation est celle de la corde de l'arc décrit,
comptée en pouces comme le rayon, ou en parties
aliquotes du rayon de cet arc pris depuis le milieu
de l'axe de rotation jusqu'au bas de la languette.

« Cette méthode cependant s'est trouvée sujette
à beaucoup d'inconvéniens, et mettait quelquefois
de l'incertitude dans les mesures. On la quitta pour
mesurer la corde de l'arc d'oscillation d'une manière beaucoup plus commode et plus sûre. On prit
un bloc de bois, dont on tailla la surface supérieure
de manière à former un arc de cercle, ou plutôt
une surface cylindrique concave, dont le centre
était au milieu de l'axe de rotation, et le rayon,
par conséquent, égal à la distance qu'il y avait
entre l'axe et la surface ainsi taillée. On pratiqua,
au milieu de la largeur, et dans toute la longueur de cet arc, une rigole peu profonde, et
large d'environ trois ou quatre pouces. On remplit
cette rigole d'une composition faite de savon et
de cire, à laquelle on donna la consistance du miel,
et dont on avait soin de tenir la surface supérieure
bien unie et de niveau avec le reste de l'arc de bois.
Une pointe fixée au-dessous du pendule et de la
pièce du canon, de manière à entrer peu profon-

dément dans la composition dont était remplie la
rigole, y laissait une trace, lors du mouvement du
pendule, qu'elle ne pouvait pas retarder d'une manière sensible. La trace restant, on pouvait en
mesurer facilement la longueur. On s'y prit pour
cela de la manière suivante. On traça une échelle
des cordes sur la surface supérieure de l'arc, des
deux côtés de la rigole, dont on marqua les divisions en noir, le fond étant blanc. En plaçant ensuite une règle transversale d'une division à sa
correspondante d'un côté à l'autre de l'arc, de manière à toucher l'extrémité de la trace laissée dans
la composition par la pointe, on trouvait de suite
la longueur de la corde de l'arc décrit. Pour faciliter les calculs à faire, on évalua les cordes en millièmes du rayon, ce qui évita la peine de diviser
par ce rayon à chaque opération. Voici maintenant
la manière dont je m'y pris pour construire l'échelle
des cordes tracées sur la surface de l'arc. Le rayon
fut fixé à la longueur de dix pieds juste, et je mar-
quai cette longueur sur une règle bien droite et
bien unie. Je partageai chaque pied en dix parties
égales, et chacune de ces dernières en dix autres,
qui se trouvaient des centièmes de pied. Je trans-
portai les divisions de la règle sur l'arc, en tenant
la première division de la règle toujours exactement appliquée sur l'extrémité de l'arc, et faisant
tourner la règle sur ce point comme sur un centre,
de manière que l'arc se trouvait dans le plan de
rotation de la règle. A mesure que chacune des divisions de la règle venait à rencontrer l'arc, on l'y
marquait.

## *Des centres de gravité et d'oscillation.*

« On employait deux manières de trouver le centre de gravité. 1°. On plaçait par terre un prisme triangulaire de fer, de manière qu'il présentât en l'air une de ses arrêtes. On plaçait sur cette arrête le pendule ou la pièce de canon avec sa tige, de manière qu'il restât en équilibre dans une position horizontale. On mesurait la distance du milieu de l'axe au point qui répondait sur l'arrête du prisme, et c'était la distance du centre de gravité à ce milieu de l'axe de rotation.

« 2°. On faisait porter les deux extrémités de l'axe de rotation du pendule ou de la pièce sur deux points fixes; on attachait au-dessous du bloc ou de la pièce une corde que l'on faisait passer sur une poulie, et à l'extrémité de laquelle on attachait des poids, jusqu'à ce qu'ils soutinssent le corps dans une position horizontale; prenant ensuite le poids total du corps et sa longueur, depuis l'axe jusqu'au point où la corde était attachée, on trouvait la place du centre de gravité par le quatrième terme de cette proportion : Le poids du pendule est à celui attaché à l'extrémité de la corde, comme la distance de l'axe de rotation au point d'attache de la corde est à celle du même axe au centre de gravité.

« Chacune de ces deux méthodes donnait également la situation du centre de gravité, mais on était encore plus sûr de leurs résultats, lorsqu'ils s'accordaient.

« Pour trouver les centres d'oscillation du pendule ou de la pièce de canon, on les suspendait sur
leurs axes comme ils devaient l'être pour les expériences, et on les faisait osciller dans de petits arcs de
cercle pendant 1, 2, 5, 10 minutes; le plus longtemps était le mieux, et on comptait avec grand
soin le nombre d'oscillations qu'ils faisaient dans un
temps donné, que l'on mesurait, ou avec un pendule à demi-secondes, ou avec une montre à secondes, ou même avec une autre montre que l'on
a employée, qui marquait jusqu'aux quarantièmes
de seconde. Ayant ainsi déterminé avec exactitude
le temps pendant lequel s'était fait un certain nombre d'oscillations, on trouvait facilement la position du centre d'oscillation; car, nommant $n$ le
nombre d'oscillations faites pendant un nombre $s$
de secondes, et $l$ la longueur du pendule à secondes,
on sait que

$$n^2 : s^2 :: l : \frac{s^2 l}{n^2} = k,$$

est la distance de l'axe d'oscillation au centre d'oscillation; et ici, si $s$ est de 60 secondes ou une minute, et $n$ le nombre d'oscillations faites par le
pendule ou la pièce de canon pendant une minute,
nombre qui se trouve en divisant le nombre total
d'oscillations que l'on a comptées par le nombre
de minutes qu'a duré l'observation, alors on a

$$n^2 : (60^2) :: l : \frac{(60)^2 l}{n^2},$$

qui est la distance cherchée $k$ du centre d'oscillation. Or, les observations les plus exactes sur les oscillations des pendules ont fait connaître que $l$, ou la longueur du pendule à secondes pour la latitude de Londres ou de Woolwich, est de 39 ⅛ pouces : ainsi on a

$$k = \frac{3600 \times 39\frac{1}{8}}{n^2} = \frac{140850}{n^2}$$

comptée en pouces, ou $\frac{11737,5}{n^2}$ comptée en pieds. C'est par cette formule que l'on a déterminé le centre d'oscillation, chaque jour d'expériences.

### *Calcul de la vitesse du boulet.*

« Soit $b$ le poids du boulet,

    $p$ celui du pendule,

    $g$ la distance de son centre de gravité à l'axe d'oscillation,

    $k$ celle de son centre d'oscillation au même axe,

    $i$ celle du point frappé par le boulet au même axe,

    $c$ la corde de l'arc décrit par le pendule,

    $r$ le rayon de cet arc ou la distance de l'axe de rotation au point d'attache du ruban ou à l'arc,

    $v$ la vitesse avec laquelle le boulet frappe le pendule.

« Par la nature du mouvement d'oscillation, $bi$

exprime la somme des forces du boulet agissant à la distance $i$ de l'axe, et $pgk$ la somme des forces du pendule : par conséquent $pgk + bi^2 =$ la somme des forces du boulet et du pendule réunis. Multipliant chacune par sa vitesse, on aura $biiv$ pour la quantité de mouvement du boulet, et $(pgk + bii)\,z$ pour la quantité de mouvement du boulet et du pendule réunis, en appelant $z$ la vitesse du point frappé par le boulet. Ces quantités de mouvement doivent être égales avant et après le choc : on a donc

$$(pgk + bii)\,z = biiv,$$

et par conséquent,

$$z = \frac{biiv}{pgk + bii}$$

Mais la jonction du boulet au pendule fait changer la position du centre d'oscillation, et la distance du nouveau centre d'oscillation à l'axe de rotation se trouve en divisant $pgk + bii$, la somme des forces, par $pg + bi$, la somme des momens. Nommant $y$ cette distance, on a

$$y = \frac{pgk + bii}{bg + bi};$$

et puisque $\dfrac{biiv}{pgk + bii}$ est la vitesse du point dont la distance est $i$, par les propriétés des lignes proportionnelles on aura

$$i : \frac{pgk + bii}{pg + bii} = y :: \frac{biiv}{pgk + pii} : \frac{biv}{pg + bi},$$

vitesse du nouveau centre d'oscillation.

« Maintenant, par la propriété du cercle, on a

$$2r : c :: c : \frac{c^2}{2r},$$

qui sera le sinus verse de l'arc décrit avec le rayon
r, et ayant la corde c; et par les propriétés des
lignes proportionnelles, on a

$$r : y, = \frac{pgk+bii}{pg+bi} :: \frac{c^2}{2r} : \frac{c^3}{2r^2} \times \frac{pgk+bi_l}{pg+bi},$$

qui sera le sinus verse de l'arc qui a pour rayon y,
c'est-à-dire de l'arc décrit par le nouveau centre
d'oscillation. Nous appellerons h ce sinus verse.
Or, comme la vitesse perdue par un corps grave,
en montant par un arc de cercle, ou gagnée en le
descendant, est égale à celle qu'il acquerrait en
tombant librement de son sinus verse, il s'ensuit
que la vitesse du centre d'oscillation sera égale à
celle engendrée par la pesanteur dans un corps
grave, qui tomberait de la hauteur h. Mais l'espace décrit par un corps grave en une seconde, à
la latitude de Londres, est de 16,09 de pieds, et
la vitesse engendrée pendant le même temps est de
32,18 pieds : ainsi, d'après les lois de la chute des
corps graves, on trouvera la vitesse du centre d'oscillation déduite de la corde de l'arc qu'il décrit,
par le quatrième terme de cette proportion :

$$\sqrt{16,09} : \sqrt{h} :: 32,18 : \frac{5,6797\,c}{r}\sqrt{\frac{pgk+bii}{pg+bi}}$$

« Mettons actuellement en équations les deux
expressions que nous avons trouvées de la vitesse
du centre d'oscillation; cette équation exprimera

le rapport de toutes les quantités qui entrent dans la question : nous aurons

$$\frac{biv}{pg + bi} = \frac{5,6727c}{r} \sqrt{\frac{pgk + bii}{pg + bi}},$$

d'où nous tirerons

$$v = \frac{5,6727c}{bii} \sqrt{(pgk + bii)(pg + bii)},$$

expressions de la vitesse du boulet au moment où il frappe le pendule.

« Notre formule peut être très-simplifiée et rendue commode pour la pratique, sans perdre sensiblement de sa justesse. Pour cela extrayons la racine indiquée du facteur composé

$$(pgk + bii) \times (pg + bi),$$

nous aurons la quantité

$$\left(pg + bi \times \frac{k + i}{2k}\right) \times \sqrt{k},$$

approchée de la vraie valeur, à moins de $\frac{1}{100000}$, pour les cas qui arrivent ordinairement dans la pratique ; mais puisque $bi \times \frac{k + i}{2}$ n'est ordinairement, dans nos expériences, que $\frac{1}{500}$, ou $\frac{1}{600}$, ou $\frac{1}{800}$ de $pg$, et que $bi$ ne diffère de $bi \times \frac{k + i}{2k}$ que d'environ un $0,01$ de lui-même, il s'ensuit que $pg + bi$ est, à moins de $\frac{1}{50000}$ près, égal à $pg + bi \times \frac{k + i}{2k}$ ; ainsi on a , à très - peu près,

$$v = 5{,}6727\, c\, \frac{pg + bi}{bir}\, \sqrt{k};$$

et mettant $g$ pour $i$ dans le dernier terme $bi$, on a enfin

$$v = 5{,}6727\, g c \times \frac{p + b}{bir}\, \sqrt{k},$$

formule aisée à employer dans toutes les occasions ; et comme elle ne diffère de la vérité que de $\frac{1}{3000}$, il s'ensuit que, même pour les plus grandes vitesses, l'erreur ne sera pas d'un demi-pied. Il faut observer que les quantités $c$, $g$, $i$, $r$, peuvent être évaluées en toutes les mesures que l'on voudra, en pieds ou en pouces, ... etc. ; mais $k$ doit l'être en pieds, parce que la formule est adaptée aux pieds.

« Comme les boulets restent dans le pendule pendant toute une suite d'expériences, son poids et les positions de ses centres de gravité et d'oscillation changent par l'addition de chaque boulet qui s'y loge ; il faut donc, dans la formule de la vitesse, changer les quantités $p$, $g$ et $k$ après chaque coup. Les valeurs successives de $p$ seront toujours $p + b$, c'est-à-dire $p$ se corrige en y ajoutant toujours $b$. Les valeurs succesives de $g$ sont $g + \frac{i - g}{p + b} \times b$, ou, à peu près, $g + \frac{i - g}{p} \times b$ ; c'est-à-dire que $g$ se corrige, à chaque coup, en ajoutant $\frac{i - g}{p} \times b$ à sa valeur précédente. Enfin, $k$ se corrige en prenant successivement pour ses nouvelles valeurs

$\dfrac{pgk + bii}{pg + ii}$, ou en ajoutant, après chaque coup, à sa valeur précédente, la quantité $\dfrac{i - k}{pg + bi} \times bi$, ou à peu près $\dfrac{i - k}{p} \times b$, de sorte que les trois corrections se font en ajoutant, après chaque coup,

$$b \text{ à la valeur de } p,$$
$$\dfrac{i - g}{p} \times b \text{ à celle de } g,$$
$$\dfrac{i - k}{p} \times b \text{ à celle de } k,$$

en supposant que $b$ est fort petit par rapport à $p$.

« Mais comme la distance $k$ du centre d'oscillation, dont la racine carrée entre dans l'expression de la vitesse, se trouve par le nombre $n$ d'oscillations du pendule, il sera bon d'exprimer dans la formule la valeur de $k$ en $n$. Nous avons trouvé

$$k = \frac{11737{,}5}{n^2} \text{ pieds,}$$

conséquemment

$$\sqrt{k} = \frac{108{,}33{,}98}{n} \text{ pieds;}$$

substituant cette valeur pour racine $k$ dans la formule

$$v = 5{,}7727 \, gc \, \frac{p + b}{bir} \sqrt{k},$$

elle devient

$$v = 614{,}58 \, gc \times \frac{p + b}{birn}.$$

ou

$$v = \frac{69000}{96} \times \frac{p+b}{birn}\, gc,$$

formule simple et commode de la vitesse du boulet exprimée en pieds, dans laquelle $c$, $g$, $i$, $r$, peuvent s'évaluer en pieds, pouces, ou toute autre mesure, pourvu qu'elle soit la même pour toutes ces quantités.

« La correction pour $k$ étant $\dfrac{i-k}{pg+bi} \times bi$, celle de $n$ sera

$$375,3 \left\{ \frac{1}{\sqrt{k}} - \frac{1}{\sqrt{k}}\, \frac{1}{\sqrt{1 + \dfrac{i-k}{pg+bi}\, \dfrac{bi}{k}}} \right\},$$

ou

$$n - \frac{n}{\sqrt{1 + \dfrac{i-k}{pg+bi}\, \dfrac{bi}{k}}},$$

ou

$$n - \frac{n}{1 + \dfrac{i-k}{pg+bi} \cdot \dfrac{bi}{2k}},$$

ou à peu près

$$\frac{bin\, in^2 - 140850\,)}{281700\, pg + bi\, (in^2 + 140850)},$$

en substituant pour $k$ sa valeur. Cette correction est négative, et doit se retrancher à chaque fois de la valeur précédente de $n$.

« Avant d'abandonner notre formule, il est à propos d'examiner trois ou quatre circonstances qui peuvent paraître causer quelque erreur dans la vitesse qu'elle donne : ce sont le frottement de l'axe, le temps que le boulet emploie à pénétrer dans le bois, la résistance que l'air oppose au mouvement du pendule, et au boulet pendant son passage du canon au pendule.

« Quant à la première, savoir le frottement des tourillons de l'axe de rotation, on peut observer que l'effet qu'il peut produire ne peut jamais être assez considérable pour entrer en ligne de compte dans nos expériences. En effet, indépendamment de ce qu'on a pris soin de diminuer ce frottement autant qu'il a été possible, l'effet de ce qui peut en rester se trouve à peu près compensé par le retardement qu'il cause dans le mouvement du pendule, et la diminution du nombre $n$ d'oscillations par minutes ; de sorte que, la corde $c$ de l'arc d'oscillation et le nombre $n$ de ces oscillations recevant tous deux à peu près le même degré de diminution de la même cause, et $c$ se trouvant multiplicateur dans la formule, pendant que $n$ est diviseur, il est évident que le frottement agit d'une manière opposée dans les deux cas, et que la différence de ces deux effets pourrait seule causer quelque erreur dans le résultat de la formule, erreur qui, comme on voit, se réduit à rien ou à peu près.

« La seconde cause apparente d'erreur est la résistance que l'air oppose au mouvement du pendule. Cette résistance empêche le pendule de décrire un arc aussi étendu qu'il le ferait si elle n'existait pas ; la corde mesurée est plus petite qu'elle ne le devrait être réellement, et conséquemment la vitesse du boulet, calculée d'après cette corde, doit être moindre que n'est réellement cette vitesse au moment où le boulet frappe le pendule ; mais le pendule étant fort pesant et son mouvement très-lent, la résistance que l'air lui oppose ne peut être qu'infiniment petite.

Et, d'après un calcul, Hutton trouve que cette cause n'apporte qu'une différence qui n'est ordinairement que de $\frac{1}{5577}$ de la vitesse totale, et qu'ainsi l'erreur que cette cause négligée peut occasioner n'est que de

$\frac{1}{2}$ pied quand la vitesse est de 2000 pieds.

$\frac{1}{4}$ . . . . . . . . . . . . . . . . 1000

etc. . . . . . . . . . . . . . . . . etc.

« Dans cette évaluation, on a supposé que la résistance de l'air sur une surface plane est égale au poids d'une colonne d'air qui a pour base la surface en mouvement, et pour hauteur celle dont un corps grave pesant devrait tomber pour acquérir la vitesse avec laquelle cette surface se meut. Quelques auteurs pensent que la hauteur de la colonne ne devrait être que la moitié de cette évaluation : son poids ne serait donc que la moitié, et la résistance diminuerait d'autant. Mais quand la hauteur et la résistance seraient doubles de ce que nous les avons évaluées, on pourrait encore les négliger sans danger. Et encore peut-on supposer que cet effet, tout petit qu'il est, est compensé par la manière de déterminer le nombre d'oscillations faites par le pendule en une seconde. Ce nombre, et la corde de l'arc décrit, sont tous deux diminués par la résistance de l'air : il y a donc ici la même compensation que pour le frottement.

« La troisième cause apparente d'erreur dans notre formule est le temps que le boulet emploie à communiquer son mouvement au pendule. Nous sommes partis du principe que cette communication se faisait en un instant, ce qui n'est pas tout-à-fait exact : elle se fait pendant tout le temps que le boulet emploie à pénétrer dans le bois. Ce temps peut à peine s'élever jusqu'à $\frac{1}{500}$ de seconde, et peut, par conséquent, fort bien se négliger. »

Hutton démontre encore, par le calcul, que la vitesse que le pendule reçoit du boulet est la même, à quelque profondeur que le boulet pénètre dans le bois, et ne diffère en rien de celle qu'il recevrait si le boulet ne pénétrait pas du tout : de sorte que cette vitesse est absolument la même, soit qu'on la suppose communiquée en un instant indivisible, ou dans un petit espace de temps.

Ainsi le frottement de l'axe, la résisance de l'air au mouvement du pendule, et le temps de l'enfoncement du boulet, ne peuvent causer aucune erreur sensible dans la formule.

Il y a une cause d'erreur relevée dans les voyages

en Angleterre, par M. Charles Dupin, de la manière suivante :

« Le colonel Miller, chargé, à l'arsenal de Wolwich, des constructions d'affûts et de voitures, a fait exécuter un nouveau pendule, plus grand et beaucoup plus parfait que ceux employés jusque alors dans les expériences balistiques. Cette construction présentait de nombreuses difficultés. Il fallait, 1° suspendre au bout d'un long bras de levier une masse de 52354 kilogrammes; 2° faciliter à tel point les mouvemens de l'axe, que les oscillations n'éprouvassent pour ainsi dire aucune résistance; 3° donner à tout le système une telle solidité, que ces mouvemens ne pussent produire ni secousses, ni tremblemens, ni enfin d'irrégularités d'aucun genre.

« Ces difficultés n'avaient pas été vaincues dans les expériences faites précédemment. Les pendules employés par le docteur Hutton étaient soutenus par des espèces de chèvres en bois et à trois pieds. Ce système, peu stable, éprouvait les commotions les plus violentes à chaque nouveau choc des boulets dans le pendule, ce qui jetait toujours plus ou moins d'incertitude sur les observations.

« Dans l'endroit choisi pour les expériences, on a bâti deux murs parallèles, éloignés l'un de l'autre d'environ 2,75 mètres, ayant 6 mètres de haut et 5,5 mètres de long. On a réuni la partie supérieure de ces deux murs par un encadrement en charpente, soutenu latéralement et inférieurement par de solides jambes de force. C'est cet encadrement qui porte deux traverses en bois, où sont fixés les supports en fer, sur lesquels s'appuie l'axe du pendule. Un toit couvre ce système de charpente, et deux petites fenêtres, percées vers le haut de chaque mur, servent, 1° à éclairer auprès de l'axe ; 2° à donner issue à la fumée qui se précipite et s'engouffre dans la toiture, au moment du tir du canon d'épreuve.

« Les deux supports de l'axe sont en fer coulé ; le dessus est terminé par un creux formé par deux plans inclinés qui ont même pente, mais en sens contraire. Afin de s'opposer à tout écart dans les allées et venues du pendule, l'axe est terminé par des couteaux qui ne sont pas absolument tranchans, parce qu'avec cette forme ils se seraient facilement émoussés, mais qui sont arrondis suivant une courbure circulaire d'un très-petit rayon, et formé d'un acier parfaitement dur.

« Lorsqu'on doit faire vibrer le pendule, on répand un peu d'huile sur les plans inclinés des supports ; par ce moyen, on rend insensible le frottement que les couteaux de l'axe pourraient éprouver sur ces appuis. »

Si le système des pieds qui servait à suspendre le pendule avait éprouvé les secousses les plus violentes, Hutton, qui était géomètre célèbre et bon astronome, et qui a rapporté ces expériences avec une impartialité des plus rares, et digne des plus grands éloges, n'aurait pas manqué de s'en apercevoir, et d'en parler à la suite des observations précédentes. M. Grégory, qui a succédé à Hutton

dans la chaire de Woolwich, en parlant des trois
premières causes d'erreur mentionnées par Hutton,
il en ajoute une nouvelle, l'inexactitude du centre
du point frappé, et il ne parle pas de l'ébranlement
des supports du pendule.

Mais supposons que cette cause d'erreur eût réellement existé, elle ne pouvait pas provenir de l'expansion du fluide sorti de la bouche de la pièce,
puisque Hutton s'était assuré qu'à la distance de
5o pieds cette expansion ne pouvait produire le
moindre effet sensible pour ébranler le pendule.
Ainsi cette cause proviendrait du choc du boulet
contre le bloc du pendule; et l'ébranlement du pendule ne pouvant se communiquer à ses appuis ou
pieds que par l'intermédiaire du frottement de l'axe
dans ses encastremens, il suffit de voir si ce frottement pouvait être assez grand pour ébranler ses
appuis. Mais pour cela nous n'avons aucune donnée, et on a vu précédemment que le moyen employé par Hutton pour diminuer ce frottement, était
au moins aussi bon que celui décrit ci-dessus, si
même il ne lui était pas préférable. Il ne reste plus
qu'à supposer la réalité de cet ébranlement. Son
effet serait de transporter l'axe en arrière, ce qui
occasionerait une diminution de l'arc décrit par
le pendule; mais l'arc étant transporté lui-même en
arrière de la même quantité que l'axe du pendule,
il s'ensuivait que l'arc tracé par la pointe était plus
grand que celui qui avait été décrit réellement, ce
qui faisait une compensation, et détruisait à peu
près l'effet de cette cause d'erreur, si toutefois elle

4

existait. Par cette compensation, la précision de l'ancien appareil ne le cède guère à celle du nouveau.

On a imaginé encore, dans ces derniers temps, de recouvrir le pendule d'une feuille de plomb, ce qui empêche le détachement de quelques éclats de bois et fait mieux connaître le centre de percussion du boulet, ce qui est de la dernière importance.

La vitesse donnée par la formule est celle avec laquelle le boulet frappe le pendule, et non celle dans laquelle le boulet sort du canon.

D'après des expériences que Hutton a faites postérieurement avec la pièce n° 2, cette perte de vitesse, pour la distance de 50 pieds, distance existante ordinairement entre le pendule et la bouche de la pièce, n'est à peu près que de

0,027 pour les vitesses de 2000 pieds.
0,025 .................... 1500
0,021 .................... 1000
0,016 .................... 810.

------

### Calcul de la vitesse du boulet, d'après le recul du canon.

« Plusieurs auteurs ont prétendu que l'effet de la poudre enflammée sur le recul du canon est le même, soit qu'il y ait un boulet, ou qu'il n'y en ait pas; c'est-à-dire que l'excès du recul en tirant à boulet, sur le recul en tirant sans boulet, est exactement ce qui est dû au mouvement imprimé au boulet, et à la résistance que celui-ci oppose. Si cette loi s'observe réellement, la vitesse du boulet, déduite du pendule du canon, doit excéder celle calculée par l'oscillation du pendule, de tout ce que la vitesse perd par la résistance de l'air entre la bouche du canon et le pendule.

« Nous allons supposer qu'il est prouvé que l'effet de la charge de poudre sur le recul du canon est toujours le même, soit qu'on tire avec ou sans boulet, et nous allons chercher une formule pour calculer la vitesse du boulet d'après le recul du canon. Il suit du principe que nous venons d'admettre, que, si, pour une charge de poudre, on prend la corde de l'arc de recul, en tirant sans boulet, et celle de l'arc de recul en tirant avec boulet, et qu'on retranche la première de la seconde, le reste sera la corde due au mouvement imprimé au boulet. C'est une conséquence de la propriété du cercle, que les vitesses des corps qui remontent en décrivant différens arcs d'un même cercle sont proportionnelles aux cordes de ces arcs.

« Appelons donc

$c =$ la différence des deux cordes;
$G =$ le poids du canon et de ces ferrures;
$b =$ le poids du boulet;
$g =$ la distance du centre de gravité de G à l'axe de rotation;
$h =$ celle de son centre d'oscillation;
$n =$ le nombre d'oscillations qu'il fait par minute;

4*

( 52 )

$$i = \text{la distance de l'axe du canon à celui de rotation};$$

$$r = \text{le rayon de l'arc qui a pour corde } c;$$

$$v = \text{la vitesse du boulet};$$

$$V = \text{la vitesse du canon ou de son axe};$$

$$biiv = \text{la somme des momens du boulet};$$

$$GgkV = \text{celle des momens du canon}.$$

L'action et la réaction devant être égales, on aura

$$biiv = GgkV.$$

Mais comme V est la vitesse du point qui est à la distance $i$, par les propriétés des lignes proportionnelles on aura

$$i : k :: V : \frac{Vk}{i},$$

vitesse du centre d'oscillation ; et comme la vitesse de ce centre est égale à celle qu'il aurait acquise en tombant librement de la hauteur verticale ou du sinus verse de l'arc qu'il a décrit, et parce que

$$2r : c :: c : \frac{cc}{2r},$$

sinus verse de l'arc qui a pour rayon $r$, et que

$$r : k :: \frac{cc}{2r} : \frac{ck}{2rr},$$

sinus verse de l'arc qui a pour rayon $k$, ainsi

$$\sqrt{H} : \sqrt{\frac{cck}{2r}} :: 2h : \frac{c}{r}\sqrt{2hk},$$

vitesse du centre d'oscillation déduite de la corde $c$ de l'arc décrit, dans laquelle $h = 16,09$ pieds, vitesse que nous avons trouvée précedemment $= \dfrac{kV}{i}$ : nous aurons donc

$$\frac{kV}{i} = \frac{c}{r} \sqrt{2hk},$$

ou

$$kV = \frac{ci}{r} \sqrt{2hk}.$$

Substituant cette valeur de $kV$ dans l'équation $biiv = GhkV$, nous aurons

$$biiv = \frac{Ggci}{r} \times \sqrt{2hk};$$

d'où

$$v = \frac{Ggc}{bii} \sqrt{2hk}$$

Substituant pour $\sqrt{2h}$ sa valeur, on a

$$v = \frac{5,6727 \; Ggc}{bir} \sqrt{k},$$

formule de la vitesse du boulet exprimée par la distance du centre d'oscillation et les autres quantités qui entrent dans la question, formule tout-à-fait semblable à celle que nous avons trouvée pour la même vitesse, par le moyen du pendule, mettant seulement G, ou le poids du canon, au lieu de $p+b$, qui sont les poids réunis du boulet et du pendule.

« Et si au lieu de $\sqrt{k}$ nous substituons sa valeur

$$\sqrt{\left( \frac{11737,5 \; \text{pieds}}{nn} \right)},$$

ou

$$\frac{108,3598 \, \text{pieds}}{n},$$

nous aurons

$$v = 614,58\,\frac{Gge}{bin} = \frac{59000}{96} \times \frac{Gge}{bin},$$

formule de la vitesse du boulet exprimée par le nombre d'oscillations que le canon fait par minute et les autres quantités qui entrent dans la question.

« Dans les expériences de Hutton, les valeurs ordinaires de ces quantités sont :

$$G = 917$$
$$g = 80,47$$
$$i = 89,13$$
$$n = 40.$$

Supposant, en outre, que la valeur moyenne de $b$ est 1,051 ou 16 onces 13 drachmes, la formule de la vitesse devient tout simplement

$$12\,\frac{1}{7}\,c = v.$$

« Il faut ajouter au canon n° 1 la quantité $\frac{1}{700}$

$$n° 2 \ldots\ldots\ldots \frac{1}{1000}$$
$$n° 3 \ldots\ldots\ldots \frac{1}{400}$$
$$n° 4 \ldots\ldots\ldots \frac{1}{300}.$$

L'auteur ne donne aucune raison de ces corrections, mais cela pourrait provenir des variations de $n$ par rapport à chaque pièce.

« Ayant donné toute la perfection possible aux machines, nous nous procurâmes vingt barils de la

poudre du gouvernement, sortant tous de la meilleure manufacture, et nous les numérotâmes depuis 1 jusqu'à 20 ; et, après l'avoir éprouvée, on
choisit les meilleurs barils. On fondit exprès un
grand nombre de boulets de fer, bien ronds et bien
unis sur leur surface ; on en fit varier un peu la
grosseur et le poids, mais la plupart étaient presque égaux au diamètre de l'âme des pièces, en sorte
qu'il y avait très-peu de vent. On mêla la poudre
uniformément, et chaque jour elle était pesée avec
le même soin, par le même homme, et enfermée
dans des sacs de flanelle mince, de grandeur à
remplir exactement l'âme du canon. On fermait le
sac avec un fil lié immédiatement sur la poudre,
et on le coupait ensuite au ras du fil, de manière à lui laisser le moins de queue possible.
On enfonçait la charge doucement dans la pièce,
et au moyen des divisions en pouces et lignes qu'on
avait marquées sur les hampes des refouloirs, on
réduisait toujours les mêmes charges de poudre à
occuper à peu près le même espace. On mettait le
boulet par-dessus sans se servir de bouchons ; on le
faisait tenir en place, au moyen d'un fil fin qu'on
croisait deux ou trois fois autour, et qui, vu la petite quantité du vent, suffisait pour le faire adhérer
aux parois de la pièce. Celle-ci était pointée horizontalement et perpendiculairement à la face du
pendule, qui se trouvait à 55, 5 pieds des tourillons ;
on la nettoyait avec soin après chaque coup que
l'on tirait, en perçant le fond de la charge par la lumière, et en mettant le feu au moyen d'un petit

tube. On avit soin de tenir compte d e la position
du baromètre et du thermomètre, qui étaient placés
dans une maison voisine, et à l'abri du soleil.

« Le lundi 23 juin 1783, les principales dimensions étaient :

*Pendule.*

Poids total , avec toutes ses fer-
    rures. . . . . . . . . . . . . . . 559     livres.
Distance de son axe du centre de
    gravité. . . . . . . . . . . 75,2 pouces.
  —   du ruban ou du point le
      plus bas . . . . . . . . . 115,2
  —   à la surface supérieure du
      bloc. . . . . . . . . . . . 76,5
Bloc du bois. Largeur de la surface
      exposée au choc. . 18
      Hauteur. . . . . . . . 22
      Longueur du devant
      au derrière. . . . . 24

*Tige et monture du canon.*

Poids total de toute la ferrure. . . . 188     livres.
Distance de l'axe au centre de gravité
    (sans canon). . . . . . . . . 44,25 pouces
  —   au point le plus bas. . . . . . 110
  —   au centre des tourillons. . . 90,5
  —   au bas perpendiculaire. . . 75,75.

| NUMÉROS DES PIÈCES. | DIAMÈTRE des tourillons. | DIAMÈTRE DES PIÈCES au centre des tourillons | CENTRE DE GRAVITÉ ou axe des pièces seules, | | au-dessus du centre des tourillons. | au-dessous de l'axe de rotation. | CENTRE de gravité du tout, au-dessous de l'axe. |
| --- | --- | --- | --- | --- | --- | --- | --- |
| | | | en arrière | | | | |
| | | | de la bouche. | du centre des tourillons. | | | |
| 1. | 2,2 | 7,00 | 18,5 | 1,4 | 1,24 | 89,06 | 80,47 |
| 2. | 2,2 | 5,89 | 24,5 | 1,8 | 1,24 | 89,06 | 80,47 |
| 3. | 2,25 | 5,06 | 37,4 | 4,2 | 1,11 | 89,19 | 80,50 |
| 4. | 2,2 | 4,84 | 51,3 | 5,0 | 2,02 | 89,28 | 80,44 |

Le tableau précédent complète les notions que nous avons déjà données sur les dimensions des pièces. La dernière colonne donne les valeurs de $g$ dans la formule de la vitesse, calculée par le recul du canon. L'on a cru devoir faire un chapitre particulier de l'exposé des premières expériences de Hutton, pour faire connaître le moyen à employer pour trouver, par expérience, les vitesses initiales des projectiles et des pièces. Quant aux autres méthodes employées dans les différentes expériences de ce volume; on les exposera à fur et mesure que l'on fera usage de leurs résultats.

# CHAPITRE III.

## VITESSES INITIALES DES PROJECTILES.

*Erreurs moyennes des vitesses initiales.*

Pour chaque charge, l'on a rassemblé toutes les vitesses initiales rapportées par Hutton dans ses procès verbaux journaliers; l'on a pris la différence entre chacune de ces vitesses et leur moyenne générale, et la moyenne de ces différences est ce que l'on appelle *erreur moyenne*, ou *erreur probable*, ou *erreur à craindre*.

Dans l'exposé de la méthode, on a vu de quelle importance est la connaissance de l'erreur à craindre dans les vitesses initiales, pour reconnaître jusqu'à quel point les erreurs trouvées dans l'application des formules peuvent être attribuées, soit aux irrégularités et aux inexactitudes des expériences, soit à la différence qui existe entre ces formules et la véritable loi de la nature. Cette connaissance de l'erreur moyenne est encore nécessaire et essentielle à un officier d'artillerie, pour le diriger dans la rédaction de toute espèce de programme qu'on peut et qu'on pourrait faire sur des expériences dépendantes des vitesses initiales.

On n'a pas eu égard, dans cette recherche, ni aux différens poids des boulets, ni à leurs différens diamètres, parce que ces quantités ont peu varié, et que la seule chose que puisse occasioner cette négligence, c'est d'augmenter un peu l'erreur moyenne. De plus, cette erreur est encore un peu plus forte qu'elle ne devrait l'être, parce que ces expériences n'ont pas été faites, ni dans un même jour, ni aux mêmes heures, ni dans la même saison; mais ces dernières causes doivent même être négligées, puisque l'on n'y a fait aucune attention dans les moyennes des vitesses initiales.

Pour abréger cet ouvrage, l'on a renoncé à rapporter les tableaux des vitesses initiales qui ont servi à déterminer les erreurs moyennes de chaque charge, et l'on s'est contenté de donner seulement les rapports des erreurs moyennes aux vitesses moyennes.

---

*Rapports des erreurs moyennes des vitesses initiales.*

| PIÈCES. | DEUX ONCES. | | QUATRE ONC^es. | | HUIT ONCES. | | SEIZE ONCES. | | MOYEN. |
|---|---|---|---|---|---|---|---|---|---|
| | N. | rapports. | N. | rapports | N. | rapports. | N. | rapports. | |
| N° 1. | 12 | 0,0245 | 18 | 0,0234 | 48 | 0,0281 | 11 | 0,0338 | 0,0262 |
| N° 2. | 7 | 0,0667 | 10 | 0,0347 | 17 | 0,0392 | 12 | 0,0267 | 0,0387 |
| N° 3. | 7 | 0,0227 | 19 | 0,0367 | 11 | 0,0276 | 8 | 0,0265 | 0,0305 |
| Moyen. | 26 | 0,0354 | 47 | 0,0314 | 76 | 0,0305 | 31 | 0,0292 | 0,0306 |

La colonne intitulée N, indique le nombre des résultats qui ont concouru à donner le rapport placé à côté.

On voit, par ce tableau, que les erreurs moyennes semblent varier dans un sens inverse de celui que l'on aurait pu penser *à priori*. Si ces variations existent en effet, elles doivent être très-peu de chose, et l'on peut regarder, sans se tromper beaucoup, l'erreur moyenne ou probable des vitesses initiales comme constante et égale à 0,0306.

------

### Des plus grandes erreurs des vitesses initiales.

Pour déterminer les plus grandes erreurs, si l'on prenait la plus grande erreur que l'on a trouvée pour chaque charge, l'on conçoit bien que l'on risquerait beaucoup de se tromper, puisque, par des irrégularités et des circonstances extraordinaires, cette plus grande erreur pourrait être beaucoup plus considérable qu'elle ne devrait l'être pour la charge qui lui correspondrait. Si l'on avait tiré un même nombre de coups pour chaque charge, on éviterait cette difficulté en prenant la moyenne d'un même nombre de plus grandes erreurs obtenues pour chaque charge. Ainsi, pour se conformer à ce principe, quand l'on n'a pas tiré le même nombre de coups pour chaque charge, il faut en prendre, parmi les plus grandes, une certaine quantité telle, qu'elle soit dans un même rapport avec le nombre de coups obtenus pour chacune de ces charges. Mais comme le nombre de coups est assez petit pour certaines charges, dans les résultats suivans on n'a pris les plus grandes erreurs qu'en nombre tel, qu'elles soient le sixième du nombre total des coups tirés.

————

*Rapports des plus grandes erreurs moyennes des vitesses initiales.*

| PIÈCES. | DEUX ONCES. | | QUATRE ONC.ᶜˢ | | HUIT ONCES. | | SEIZE ONCES. | | MOYEN. |
|---|---|---|---|---|---|---|---|---|---|
| | N. | Rapports | N. | Rapports | N. | Rapports | N. | Rapports | |
| Nᵒ 1. | 2 | 0,0442 | 5 | 0,0448 | 8 | 0,0608 | 2 | 0,0935 | 0,0598 |
| Nᵒ 2. | 2 | 0,1168 | 2 | 0,0529 | 5 | 0,0793 | 2 | 0,0578 | 0,0770 |
| Nᵒ 3. | 2 | 0,0523 | 5 | 0,0817 | 2 | 0,0686 | 2 | 00,024 | 0,0619 |
| Moyen. | 6 | 0,0647 | 8 | 0,0607 | 15 | 0,0663 | 6 | 0,0679 | 0,0649 |

Ces plus grandes erreurs peuvent être regardées comme constantes, et elles sont seulement un peu plus fortes que le double de l'erreur moyenne.

————

## *De la successibilité de l'inflammation.*

Quoique l'on ne doute plus de l'inflammation

successive de la poudre, l'on a cru devoir rapporter les passages suivans d'un Mémoire du célèbre Rumfort, qui sont aussi curieux qu'interressans.

« Il paraît très-improbable, si ce n'est impossible, qu'un grain de poudre, placé dans la chambre de la pièce, et environné de flamme, soit chassé par cette même flamme sans être brûlé par elle. Mais si ces grains sont réellement *allumés* à leur sortie, et trouvés ensuite *entiers* auprès de la pièce, ce fait prouve, non - seulement que la combustion de la poudre n'est point aussi rapide que l'on l'a cru généralement ; mais aussi, ce qui paraît incroyable au premier aperçu, que, si un grain de poudre, actuellement enflammé et brûlant sur toute sa surface, est projeté avec une extrême vitesse dans une atmosphère froide, le feu s'éteindra, et le reste de grain arrivera à terre sans changement ultérieur, et tout aussi inflammable qu'auparavant.

« L'auteur, pour montrer, par expérience, que cette conjecture était fondée, se procura, dans une poudrière près de Munich, une certaine quantité de poudre tirée d'une même masse, mais diversement grainée, depuis le plus fin pulvérin jusqu'à la dimension d'un très-gros poids. Il disposa ensuite un très-grand nombre d'écrans de papier très-mince verticalement à un pied (0,304 mètres) de distance les uns des autres ; il chargea, à plusieurs reprises, un mousquet avec cette poudre, tantôt sans bourre, tantôt avec ; et il dirigea chaque coup sur le milieu du premier écran.

« Ces écrans étaient construits de manière que l'on pouvait enlever facilement la feuille de papier, et en substituer une autre après chaque coup; et on procéda effectivement de cette manière. On fit varier la distance de la bouche de l'arme jusqu'au premier écran entre 8, 10 et 12 pieds.

« On modifia aussi de plusieurs manières la charge de poudre; mais les expériences les plus intéressantes furent faites avec un seul grain de poudre fort gros, chassé par des charges plus ou moins considérables de poudre très-fine.

« Ces gros grains ne manquaient jamais d'arriver à l'écran; et, quoiqu'ils parussent quelquefois avoir été brisés en divers morceaux par la violence de l'explosion, ils atteignaient cependant souvent le premier écran dans leur entier, et ils traversaient même quelquefois les cinq écrans sans se rompre. »

« Lorsque ces grains étaient chassés par de fortes charges, et conséquemment avec une grande vitesse, ils étaient rarement allumés en arrivant au premier écran. On était certain de ce fait, non-seulement parce qu'ils n'allumaient point le papier (ce qui avait lieu quelquefois), mais encore parce qu'on les trouvait attachés à une planche de bois tendre, contre laquelle ils venaient frapper après avoir traversé les cinq écrans, ou bien parce qu'ils laissaient sur cette même planche des traces visibles d'un choc qui les avait fait voler en éclats. On en trouvait quelquefois les fragmens à terre; et d'après leurs formes, leurs dimensions, et d'autres circonstances, on pouvait fréquemment conclure, avec évidence, que le petit globule de poudre avait été allumé, et que son diamètre avait diminué par la combustion avant que le feu s'éteignît par l'effet de la projection rapide dans l'atmosphère froide. Les trous faits dans l'écran par le globule, à son passage, semblait aussi indiquer que son diamètre avait diminué par une combustion partielle. On ne peut guère douter que ces gros grains ne fussent constamment allumés par la combustion de la charge. Ils s'enflammaient certainement dans la plupart des expériences, car ils mettaient le feu au papier en le traversant; et dans les expériences où ils étaient lancés avec des vitesses peu considérables, on les voyait souvent traverser l'air en manière de fusée; et alors ils se consumaient sans laisser de traces.

« Quelquefois ils traversaient les premiers écrans sans y mettre le feu : ils n'allumaient que les derniers, et frappaient ensuite contre la planche située à un pied au delà du dernier écran.

« Il prit un pistolet d'arçon ordinaire, et, après avoir introduit au fond du canon un petit morceau de fer rouge, et avoir incliné le pistolet sous un angle de 45 degrés, il laissa tomber dans le canon un des globules de poudre de la grosseur d'un pois. Ce globule, s'allumant à l'instant, fut lancé en l'air par le fluide élastique que déployait sa propre combustion; il laissa après lui une traînée lumineuse, et disparut comme aurait fait une étoile tombante.

« On répéta souvent, et avec des grains de diverses grosseurs, cette expérience amusante. Lorsque l'on employait un petit grain tout seul, il était ordinairement consumé en entier avant que de sortir du canon de pistolet ; mais lorsque l'on en mettait plusieurs à la fois, quelques-uns d'entre eux, si ce n'est tous, étaient fréquemment lancés en l'air tout embrasés. »

Les passages précédens sont extraits du t. XI de la Bibliothéque Britannique. L'on ne rapportera pas les expériences faites à ce sujet par Antoni, et consignées dans son examen de la poudre, parce qu'elles présentent à peu près le même résultat. D'Arcy, dans son Essai d'une Théorie de l'Artillerie, donne l'expérience suivante :

« Un petit canon, ou plutôt un petit tuyaude 7 pouces de long et d'un pouce et demi de diamètre, parfaitement cylindrique, et ouvert par les deux bouts, avait, au lieu du boulet, un cylindre de deux pouces de long, et précisément de même calibre. Ce cylindre était percé, de part en part, d'un trou de 4 à 5 lignes de diamètre ; une lumière percée sur sa circonférence, au milieu de sa longueur, allait se rendre dans ce gros trou. Le canon avait, au milieu de sa longueur, une lumière toute semblable, et, de plus, deux autres lumières également éloignées de celle-ci, et distantes l'une de l'autre d'un espace précisément égal à l'épaisseur du boulet. Pour faire l'expérience, on chargeait le canon de la manière suivante : on remplissait de poudre le trou du boulet, après quoi on le faisait entrer dans le canon, jusqu'à ce que sa lumière et celle du canon se répondissent parfaitement ; on chargeait ensuite le canon des deux côtés avec des

charges de poudre de même pesanteur, en les bour-
rant bien également avec des bourres de feutre ou
de papier, faites avec un emporte-pièce ; on amor-
çait et on mettait le feu par la lumière du milieu
du canon ; de cette façon, il se communiquait en
même temps aux deux charges par la poudre contenue dans le trou du boulet, leurs distances de
l'endroit où l'on portait le feu étant les mêmes; de
là le boulet, sollicité de part et d'autre par des
forces égales, devait rester dans la même place,
et ne pas s'écarter de la première position : c'est
aussi ce qui arrivait. Mais lorsque le tout était
parfaitement de même, au lieu de mettre le feu par
la lumière du milieu, on le mettait par l'une ou
par l'autre de celles qui répondaient à l'extrémité
du boulet : il était chassé avec violence du côté opposé à celui où où l'avait mis. Expérience qui
prouve d'une manière incontestable que la poudre
emploie un certain temps à s'enflammer, et que ce
temps est suffisant pour qu'il produise des effets
comparables ou sensibles : car l'on voit que celui
pendant lequel le *feu* peut se communiquer, à travers le boulet, à l'autre charge, est assez long
pour que la poudre ait le temps d'agir et de le chasser au dehors.

—————

## *Du temps employé par la poudre pour se combiner.*

Dulacq et Frésier parlent de deux traînées de poudre de 50 pieds 4 lignes chacune. La tranche de l'une

était un carré de 4 lignes, et celle de l'autre de 8 lignes. Le feu mis à ces deux traînées, la grosse a employé la moitié moins de temps à s'enflammer que la seconde; et ils en concluent que les vitesses d'inflammation de différentes traînées de poudre sont en raison inverse sous-doublée des tranches élémentaires de poudre, c'est-à-dire en raison inverse de leurs racines carrées; et que, par conséquent, à longueur égale, les temps d'inflammation sont en raison inverse des racines carrées des quantités de poudre.

On trouve, dans la collection des Mémoires de l'Académie des Sciences, les expériences suivantes de M. d'Arcy, sur le temps employé par la poudre pour se combiner ou s'enflammer entièrement.

| TRAÎNÉES DE POUDRE. | | | TEMPS. |
| LONGUEUR. | LARGEUR. | ÉPAISSEUR. | |
| pieds. | lignes. | lignes. | secondes. |
| 576 | 8 | 4 | 75,5 |
| 584 | 4 | 4 | 79 |
| 156,5 | 8 | 4 | 18 |
| 156,5 | 4 | 4 | 25 |
| 156,5 | 4 | 4 | 7,25 |

La dernière traînée était entièrement couverte.

De l'expérience n° 3 et de celle n° 4, on déduira

que les temps d'inflammation sont entre eux comme les tranches élémentaires élevées à la puissauce 0,4748.

Et, en supposant que les temps d'inflammation sont en raison directe des longueurs des traînées, les deux premières expériences font voir que les temps d'inflammation sont entre eux comme les tranches élémentaires élevées à la puissance 0,4797.

Ainsi, ces expériences s'accordent entre elles, et l'on peut conclure que les temps d'inflammation sont en raison inverse des tranches élémentaires élevées à la puissance 0,48.

Les traînées de poudre de 1 pied de longueur, pour s'enflammer entièrement, emploieront le temps déterminé par la formule

$$T = BE^{-0,48},$$

T désignant le temps en secondes ;

E la surface de la tranche élémentaire exprimée en lignes carrées ;

log B = — 1,84053 quand la traînée est découverte ;

log B = — 1,50319 quand elle est entièrement couverte.

Une traînée entièrement couverte ne met à s'enflammer que le temps représenté par 0,2902, celui de la traînée découverte étant représenté par 1.

## Du plus grand effet que la poudre puisse produire.

Les expériences faites à ce sujet par le comte de Rumfort sont trop intéressantes pour que l'on ne les rapporte pas en entier, et pour qu'on ne les décrive pas dans les mêmes termes que dans le tome XI de la Bibliothéque Britannique.

« Rumfort chercha d'abord à faire brûler la poudre dans un espace déterminé. Il employa à cet effet un canon de fer très-épais , de 5 pouces (0,127 mètres) de long , fermé à ses deux bouts par un bouchon à vis de 2 pouces (0,051 mètres) de long. Il restait au milieu un espace de 1 pouce (0,025 mètres) entre les deux bouchons, et l'un des deux était percé, dans son axe , d'un très-petit trou de $\frac{1}{20}$ de pouce (0,00125 mètres) de diamètre, qui servait de lumière. La chambre destinée à la poudre avait 1 pouce (0,025 mètres) de long sur $\frac{3}{4}$ de pouce (0,019 mètres) de diamètre, et on la remplissait à volonté, en dévissant l'un des bouchons. L'auteur s'attendait que lorsqu'il y mettrait le feu par une petite ouverture , il n'y aurait pas d'explosion proprement dite , et que le fluide élastique sortirait en sifflant par la lumière. Il se proposait ensuite de le confiner entièrement, au moyen d'une soupape; mais lorsqu'il mit le feu , par une traînée , à la charge , il entendit avec surprise une très-forte explosion , et il trouva la lumière agrandie au moins de quatre fois ses premières dimensions , et les deux vis devenues très-libres.

«En refaisant l'expérience il sonda les deux vis en place, et pratiqua dans le canon, épais de $\frac{3}{4}$ de pouce, une nouvelle lumière. Celle-ci était percée dans une cheville d'acier vissée, et qu'on dévissait pour introduire la poudre. Le trou de la lumière était conique, avec son plus grand diamètre en dedans, et une petite cheville, de même forme et dimension que le trou, était destinée à servir de soupape pour fermer ce trou au moment de l'inflammation. L'expérience ne réussit pas mieux que la première fois : la soupape n'eut pas le temps de se fermer, et le fluide élastique sortit par la lumière, en faisant une aussi forte explosion que celle du mousquet. Cet orifice et la cheville elle-même se trouvèrent ensuite fort endommagés, quoique d'acier trempé.

« Une troisième expérience, avec une lumière très-étroite et garnie en or, n'eut pas un meilleur succès. Dès la première explosion, la lumière fut rongée au point d'être hors de service; et, chose plus extraordinaire, le canon lui-même, malgré sa grande épaisseur, fut renflé en façon de bouteille et crevassé. Il ne parut pas que le fluide se fût fait jour pas les crevasses.

Il fit construire un nouveau canon de 3,45 pouces (0,088 mètres) de long et de 0,7 pouces (0,018 mètres) de diamètre ; il était fermé de part et d'autre par deux vis de 1 pouce (0,025 mètres) de long, et la capacité de la chambre intermédiaire était d'environ 0,6 pouces cubes (9,892 centimètres cubes). Les parois de cette chambre étaient percés

d'un trou de 0,37 pouces (0,009 mètres), qui traversait diamétralement le canon. Dans ce trou entraient de part et d'autre deux tubes de même diamètre, dont les orifices se trouvaient exactement vis-
à-vis l'un de l'autre à l'intérieur. Ils étaient soudés
chacun à l'ouverture qu'il traversait. Le plus court
des deux, qui sortait de 1,5 pouces (0,033 mètres)
en dehors du canon, n'était pas percé dans toute
sa longueur, et se terminait au bout extérieur en
une tête arrondie. L'autre tube sortait de 2,7 pouces
(0,069 mètres) en dehors du canon de l'autre côté ;
il était percé, et c'est par son ouverture que l'on
introduisait la poudre. Cette ouverture se fermait
ensuite par une vis, garnie sous sa tête d'une rondelle de cuir gras.

«Voici comment on chargeait l'appareil. On plaçait le canon horizontalement ; le long tube était
en dessus. On introduisait par ce tube la charge,
savoir de la poudre d'un grain très-fin et poli ; et
cette poudre remplissait d'abord la cavité du tube
court, qui correspondait précédemment vis-à-vis
et au-dessous du long tube. Lorsque l'on avait rempli le tube inférieur avec précaution, on achevait
d'introduire dans la chambre le reste de la charge
que l'on se proposait d'y mettre, et on fermait ensuite, avec sa vis, le tube par lequel on avait fait
passer cette poudre, après avoir préalablement
rempli de suif froid tout l'espace compris entre la
cavité de la chambre et la vis qui servait de bouchon. Pour allumer la poudre ainsi renfermée,
on faisait rougir une petite masse de fer d'environ

1,5 pouces de côté, et munie d'une petite cavité, dans laquelle la tête du tube inférieur entrait exactement ; on laissait cette tête dans la cavité, jusqu'à ce que la chaleur communiquée allumât la poudre à l'intérieur.

« Le résultat répondit parfaitement à l'attente du comte Rumfort : aucune partie du fluide élastique ne put s'échapper ; à peine entendit-on le bruit de l'explosion, tant il fut faible ; il ressemblait à celui qu'occasione la rupture d'un très-petit tube de verre. On crut d'abord que la poudre ne s'était pas toute allumée ; mais la chaleur du canon détrompa bientôt à cet égard ; et lorsque, demi-heure après, on dévissa l'ouverture du long tube, le fluide élastique sortit avec beaucoup de force et avec un bruit analogue à celui que fait un fusil à vent. La quantité de poudre employée était d'un huitième environ de la capacité.

« Après avoir trouvé le moyen de renfermer le fluide élastique produit dans la combustion de la poudre, il s'agissait de mesurer la force expansive. Mais c'est ici que se présentèrent des difficultés nouvelles et insurmontables. L'auteur s'y prit de plusieurs manières, mais sans succès. Il logea un piston d'acier trempé, dans un trou pratiqué dans l'axe de l'une des vis qui fermait son canon, et l'extrémité de ce piston portait contre un corps très-lourd, suspendu en façon de pendule. Le mouvement acquis par ce corps en vertu de l'impulsion du piston pouvait indiquer la pression de la force élastique qui avait procuré ce mouvement. Cela ne réussit point : le fluide s'échappait toujours par les côtés du piston ; et les résultats des expériences étaient si différens et si incertains, qu'on ne savait comment expliquer ces variations.

« En 1792, et dans l'arsenal de l'électeur de Bavière, à Munich, il fit de nouvelles expériences avec l'appareil ci-après.

« Sur un lit de maçonnerie, profond de 6 pieds en terre, reposait un bloc de pierre dure, de 4 pieds 4 pouces en carré. Sur ce bloc, qui servait de base à tout l'appareil, était placé verticalement un petit canon court de fer forgé, porté par un support de fonte, lequel reposait lui-même sur une rondelle de fer forgé, épaisse de 0,75 pouces, établie sur un bloc de pierre. L'orifice du petit canon avait précisément 0,25 pouces de diamètre, et il était fermé par un hémisphère solide d'acier trempé, dont la convexité était en dessus, et dont le diamètre, de 1,16 pouces, dépassant de beaucoup l'orifice sur lequel il s'appliquait, le fermait très-exactement. C'est sur la convexité de l'hémisphère que l'on faisait reposer le poids destiné à résister à la force élastique déployée dans le canon, poids qui, dans quelques-unes des expériences les plus intéressantes, n'était non moins qu'une pièce de 24 placée verticalement, et maintenue dans une cage de charpente qui lui laissait la liberté d'un petit mouvement de bas en haut. Le petit canon avait 2,78 pouces de long, et 2,82 pouces de diamètre extérieur. Son âme formait d'abord un cylindre long de 2,13 pouces, et se terminait, en bas, en une espèce d'appendice conique fort étroit et fermé, qui formait au dehors une espèce de queue, destinée à entrer dans un orifice des mêmes dimensions, pratiqué dans un boulet que l'on faisait rougir, et que l'on mettait en place pour allumer la poudre à l'intérieur, par l'effet de la chaleur transmise au travers du métal. Une rondelle d'or entrait exactement dans l'orifice du petit canon, et s'appliquait contre la section plane de l'hémisphère, et une autre rondelle de cuir gras était placée entre cette section et celle du canon, pour assurer le contact respectif de ces deux pièces.

« On avait aussi revêtu d'une lame d'or la bouche du petit canon, pour prévenir la corrosion du métal, dans le cas où la vapeur élastique se ferait jour; mais cette précaution ne fut pas suffisante, et la circonférence de l'orifice, ainsi que la surface plane et polie d'acier trempé qui reposait dessus, furent bientôt attaquées. Cette corrosion, qui jetait de l'incertitude sur les dimensions précises de la surface sur laquelle agissait le fluide élastique, aurait exclu toute prétention à l'exactitude dans ces expériences, si l'auteur n'eût trouvé le moyen de parer à cet inconvénient. Il fit, à cet effet, battre fortement un cuir de semelle, et, avec un emporte-pièce de la dimension précise de l'orifice du petit canon, il coupa, dans ce cuir, des rondelles, qui, imprégnées de suif et chassées avec force sur la poudre, se trouvaient, dans l'explosion, pressées en dessous par le fluide élastique, et en dessus par la section plane de l'hémisphère. Une seule de ces rondelles , ainsi introduite , fermait si bien l'orifice , que , lorsque la force du fluide ne suffisait pas à soulever assez le poids comprimant pour que la rondelle fût entièrement poussée en dehors , aucune portion de ce fluide ne se faisait jour ; et , dans le cas où le fluide s'échappait réellement , il n'attaquait que l'angle vif inférieur de la bouche , et l'expérience qui établissait le poids précis capable de faire équilibre à la force élastique de la poudre sur une surface donnée, savoir, la section de l'âme de l'éprouvette , demeurait exacte et non altérée.

« Il employa de la poudre de chasse de la meilleure qualité et d'un grain très-fin ; elle fut toujours tirée du même paquet , soigneusement desséchée , et tenue , à l'ordinaire , dans un lieu fort sec. Elle fut pesée en poids pharmaceutiques d'Allemagne , dont 104,8 grains équivalent à 100 grains troy (6,42 grammes). Tous les poids employés à contenir le fluide élastique sont réduits en livres avoir du poids , et toutes les mesures de longueur rapportées au pied anglais. Toutes les expériences ont été faites en plein air, dans la cour de l'arsenal , par un beau temps , entre neuf heures et midi , et de deux heures à cinq heures du soir. Le petit canon fut toujours chargé, et fermé de sa rondelle , dans la chambre où l'on pesait la poudre ; et , en plaçant ce canon sur le bloc qui lui servait de base , on mit constamment la plus grande attention à faire en sorte que son axe se trouvât précisément sous le centre de gravité du poids comprimant.

Lorsque l'on appliquait le boulet rougi sous la projection inférieure de ce canon, l'explosion ne tardait pas à s'ensuivre.

« Quand la force du fluide élastique suffisait à peine à soulever le poids qui le comprimait, on entendait une détonation excessivement bruyante ; mais quand le poids demeurait en place ou n'était soulevé que d'une quantité insuffisante pour que le fluide pût s'échapper, à peine pouvait-on entendre le bruit à la distance de quelques pas, et ce bruit n'avait aucune ressemblance avec celui qui accompagne d'ordinaire les explosions de la poudre ; il se rapprochait plus du bruit qu'occasione la fracture d'un petit tube de verre, que d'aucun autre son connu et appréciable. Ce bruit léger était immédiatement suivi, dans quelques expériences, d'un autre son très-différent, occasioné par le retour en place du poids soulevé d'une petite quantité, mais point assez pour que la rondelle de cuir fût chassée. Dans quelques-unes des expériences, une très-petite partie du fluide élastique parvenait à s'échapper, et on entendait alors un sifflement très-fort, qui ne ressemblait point au bruit ordinaire de l'explosion, quoique l'ouie seule pût suffire à décider si une partie quelconque du fluide s'était échappée dans l'explosion. On entourait, pour plus de précaution, la base de l'hémisphère d'un boudin de coton très-blanc, qui, pour peu qu'il s'échappât du fluide, était immédiatement noirci.

« Après avoir essayé une grande variété de moyens pour garantir la surface plane d'acier trempé de

l'effet corrosif de la vapeur, on ne trouva rien de
mieux que de couvrir d'abord la bouche de l'é-
prouvette d'un cuir huilé peu épais, de mettre sur
ce cuir une plaque très-mince de laiton écroui, et
sur ce laiton la section plane de l'hémisphère.

« On remarqua avec surprise, dans toutes les
expériences dans lesquelles la vapeur produite n'a-
vait eu aucun évent, combien peu elle conservait
de force expansive lorsqu'elle avait séjourné quelques minutes et même quelques secondes dans l'é-
prouvette après l'explosion : car lorsqu'on soule-
vait le poids comprimant, la vapeur, au lieu de
s'échapper à grand bruit, sortait en sifflant tout au
plus comme l'explosion ordinaire d'un fusil à vent,
et à peine aidait-elle à soulever le poids qui pressait
sur la rondelle. En examinant l'intérieur de la
chambre où se faisait l'explosion, on aperçut un
fait nouveau, qui parut expliquer cette diminution
de force : c'était une matière en laquelle une portion de fluide élastique parraissait s'être transfor-
mée, et qui semblait être aussi dure que de la
pierre. Cette substance était si dure et si fortement
adhérente à l'intérieur du canon, dans la partie supérieure de son rétrécissement, qu'il fallait toujours employer un foret pour la détacher, et que
l'on éprouvait de sa part beaucoup de résistance.
Elle était noirâtre, ou plutôt d'un gris sale, qui
passait au noir par l'exposition à l'air; sa saveur
était piquante et alcaline, et elle avait l'odeur hé-
pathique; elle était très-déliquescente. Lorsqu'on
l'humectait et qu'on versait dessus de l'acide nitreux,

il s'ensuivait une forte effervescence, qu'accompagnait une odeur très-désagréable et pénétrante. Presque toute la substance de la poudre paraissait avoir été convertie en cette manière, car la quantité de fluide élastique qui s'échappait lorsque l'on enlevait le poids était peu considérable. Cependant, cette substance n'était plus de la poudre; elle n'était plus inflammable. Quel changement avait-elle subi? qu'avait-elle perdu?

« Il est évident que cette substance dure, qui se trouvait dans le canon après l'expérience, dans laquelle la vapeur élastique produite avait été entièrement contenue, avait été réellement dans l'état fluide ou élastique dans le moment de l'explosion : car toutes les fois que le poids était soulevé et la rondelle de cuir chassée hors du canon, on ne trouvait rien de solide contre ses parois. C'est encore une circonstance remarquable, que cette matière solide ne se trouvât point distribuée également ou indifféremment dans les diverses parties du canon, mais toujours accumulée plutôt vers le milieu, et surtout vers la partie supérieure de l'espèce de lumière conique fermée, par laquelle on mettait le feu à la poudre. On pourrait présumer de là qu'elle s'attachait de préférence aux parties les plus promptement refroidies; et cela expliquerait pourquoi l'on n'en trouvait jamais dans la partie inférieure de la lumière, région qui se conservait chaude par le contact du boulet qui avait servi à allumer.

« L'auteur trouva par expérience, que, quoique la pesanteur spécifique des grains solides de poudre pris individuellement fût de 1,868, la pesanteur de ces grains, tassés dans une mesure, en y comprenant les interstices qu'ils laissaient entre eux, était de 1,077 seulement, c'est à-dire qu'elle se rapprochait assez de celle de l'eau. On remarqua un effet singulier dans les expériences dans lesquelles le fluide élastique produit par la combustion était entièrement comprimé; lorsque l'on enlevait la rondelle de cuir qui avait été en contact avec le fluide, ou la trouvait couverte d'une poudre très-blanche, semblable à une cendre légère qui, au premier contact de l'air, passait tout à coup au noir absolu. L'auteur présume que la matière solide que l'on trouvait au fond du canon n'était pas primitivement noire, mais qu'elle le devenait par son exposition à l'air. On remplit cette fois l'éprouvette en entier; il y entra un peu moins de 26 grains de poudre, et l'on chargea l'hémisphère qui la comprimait de la pièce de 24, pesant 567 myriagrammes. L'éprouvette n'était pas la même que celle qui a été précédemment décrite : elle était du meilleur fer forgé et d'une solidité toute particulière. Elle avait 2,75 pouces de longueur extérieure, autant de diamètre extérieur; mais son canon n'avait que 0,25 pouces de diamètre, c'est-à-dire environ la grosseur d'une plume d'oie. Sa longueur était de 2,15 pouces. On voit que l'épaisseur du métal était de 1,25 pouces, c'est-à-dire qu'elle surpassait cinq fois le diamètre du vide de l'éprouvette. Le volume de la charge ne s'élevait guère qu'à un dixième de pouce cube, c'est-à-dire moins qu'il n'en faudrait pour un petit pis-

tolet de poche, et à peine un dixième de la charge
ordinaire d'un mousquet. L'éprouvette creva, malgré sa force énorme, et le bruit fut si fort qu'il alarma
tout le voisinage. Non-seulement l'éprouvette fut
séparée en deux, mais les morceaux furent lancés
de part et d'autre dans des directions différentes,
et l'un d'eux tomba à côté de l'auteur, placé près de
l'appareil pour mieux observer.

«L'auteur avait trouvé précédemment qu'un cylindre de bon fer forgé, dont la section n'avait que
$\frac{5}{1600}$ de pouce de surface, pouvait porter un poids
de 119 livres (5,0464 myriagrammes). Ainsi, un
cylindre dont la section transversale aurait 1 pouce
de surface porterait sans se rompre 65466 livres
(2883,4 myriagrammes). On mesura avec grand soin
la fracture de l'éprouvette, et on la trouva précisément de 0,5 pouces carrés (4194 millimètres carrés).
Or, si l'on suppose que ce fer était égal en tenacité
à celui sur lequel l'expérience avait été faite, la force
qui a fait crever l'éprouvette doit avoir été égale à
412529 livres (18742 myriagrammes), effort produit
par 26 grains troy dans un espace de 0,1 pouce
cubique. La surface longitudinale du canon était de
0,5 pouce carré; et prenant 15 livres avoir du poids
pour la pression moyenne de l'atmosphère sur un
pouce carré, la moitié de ce poids exprimera la
pression sur une surface égale à l'aire de la section
longitudinale. Or, $\frac{412529}{7,5}$ égale 55004 atmosphères.
En essayant la tenacité du fer même de l'éprou-

vette, Rumfort la trouva, après 4 essais, de 63175
livres, avoir du poids par pouce carré, et la pression nécessaire pour la rupture est réduite à 54750
atmosphères.

« On fit faire une nouvelle éprouvette, dont le
diamètre de l'entrée avait 0,25 pouces (0,0064 mètres). La capacité intérieure, y compris la queue,
qui faisait l'office de lumière, et déduction faite de
l'espace occupé par la rondelle de cuir, était de
0,08974 pouces cubes (1472 millimètres cubes).

« La quantité de poudre contenue dans l'éprouvette et sa queue, non compris l'espace occupé par
la rondelle de cuir était de 24,5 grains troy (157
centigrammes).

« L'on détermina la capacité de l'éprouvette et de
sa queue en les remplissant de mercure, que l'on
pesa ensuite très-exactement dans l'air et dans l'eau.
On avait établi précédemment qu'un pouce cube
(16385 millimètres cubes) de la poudre dont on
faisait usage pesait précisément 272,68 grains troy
(17,5 grammes).

« Les quantités de poudre successivement crois-
santes dont l'éprouvette fut chargée dans la suite
des essais furent exprimées en millièmes de sa
capacité totale : ainsi, le poids d'un grain équiva-
lait à 0,059 de cette capacité. Cette manière d'exprimer les quantités de poudre, indiquant en même
temps la densité relative du fluide élastique, était
plus convenable sous ce point de vue, et elle faci-
litait beaucoup les calculs propres à établir le rapport de l'élasticité de ce fluide à sa densité.

« On mesurait sa force expansive par le poids du corps solide qui reposait sur l'orifice de l'éprouvette, et que le fluide pouvait précisément soulever un peu, sans que pourtant la rondelle de cuir qui garnissait cet orifice fût entièrement chassée.

« Ce poids, dans toutes les expériences, sauf dans celles qui furent faites avec de très-petites charges de poudre, était une pièce d'artillerie plus ou moins lourde, selon la charge. Elle était placée debout, dans une cage qui la maintenait verticale, et le bouton de la culasse reposait sur la convexité de l'hémisphère d'acier, qui portait à plat en dessous sur la bouche de l'éprouvette. On pouvait faire varier le poids d'une même pièce dans une suite d'expériences, en la remplissant plus ou moins de boulets. L'aire de la section de l'éprouvette était de 0,049088 pouces carrés ( 131 millimètres carrés ), et le poids de l'atmosphère sur cette surface était de 0,73631, à raison de 15 livres par pouce carré.

« Quatre-vingt-cinq expériences furent faites avec cet appareil, depuis le 23 février jusqu'au 4 avril 1793. La température de l'air varia depuis 0,4 jusqu'à 16,1 degrés Réaumur.

« On augmenta la charge de grain en grain, depuis 1 jusqu'à 18 ; et, pour chaque charge, on fit une suite d'essais, en augmentant à chaque fois le poids comprimant, jusqu'à ce que ce poids fût suffisant pour atteindre le terme où la pression empêchait le fluide élastique de sortir, en lui permettant cependant de soulever légèrement la masse qui reposait sur lui. Dans la quatre-vingt-cinquième expérience , avec 18 grains de poudre et une pièce d'artillerie pesant 87 quintaux , la queue de l'éprouvette creva. »

La seconde colonne du tableau suivant renferme les pressions en atmosphères , soulevées par le nombre de grammes indiqués dans la première colonne. La troisième colonne contient ces mêmes pressions , calculées au moyen de la formule analytique de Rumfort ; et la quatrième , ces mêmes pressions , obtenues au moyen de la même formule rectifiée.

*Expériences sur la force de la poudre dans un espace donné et hermétiquement fermé.*

| CHARGES. | DONNÉES de l'expérience. | RÉSULTATS calculés d'après Rumf. | RÉSULTATS calculés. |
|---|---|---|---|
| grains. | | | |
| 1 | 77,4 | 76,6 | 72,4 |
| 2 | 182 | 166,6 | 157 |
| 3 | 228 | 271,7 | 268 |
| 4 | 382 | 395,7 | 381 |
| 5 | 561 | 515,7 | 530 |
| 7 | 811 | 934,2 | 880 |
| 8 | 1164 | 1185 | 1151 |
| 9 | 1551 | 1482 | 1434 |
| 10 | 1884 | 1835 | 1800 |
| 11 | 2219 | 2251 | 2241 |
| 12 | 2575 | 3051 | 2779 |
| 13 | 3285 | 3326 | 3033 |
| 14 | 4008 | 4010 | 4742 |
| 15 | 4722 | 4820 | 5441 |
| 16 | 70,90 | 5769 | 6626 |
| 18 | 10977 | 8199 | 10070 |

La formule analytique qui a servi à calculer les résultats précédens est de la forme

$$y = B^{\frac{a + bx}{x}},$$

où

$y$ désigne la pression,

$x$ le nombre de grains exprimés en millièmes de la capacité.

D'après Rumfort,

$$a = 1$$
$$b = 0,0004$$
$$\log B = 0,26826.$$

Pour corriger cette formule, l'on a divisé les valeurs de $y$ par B, ce qui a facilité la détermination de $a$ et $b$, et l'on a trouvé

$$a = 0,98248$$
$$b = 0,000463$$
$$\log B = 0,26776.$$

Par cette dernière formule, l'on trouve 40197 atmosphères pour la force de la poudre, dans le cas où l'éprouvette aurait été complétement remplie, et où $x$ égalerait 1000, et la formule non corrigée ne donnerait que 39394 atmosphères.

Il serait à désirer que Rumfort eût pu faire varier les différentes quantités de poudre, en rendant constant le rapport du vide de l'éprouvette au volume de la poudre.

*Du volume occupé par les gaz développés et dégagés de la poudre pendant et après l'in-flammation.*

L'on ne se propose, dans cet article, que de donner quelques idées pour pouvoir comparer la force de la poudre, calculée suivant la théorie actuelle de la chimie, et celle déduite des expériences de Rumfort ; et l'on a cru bien faire en extrayant les passages suivans d'un Mémoire de M. Brianchon, capitaine au corps royal de l'artillerie, inséré dans le Journal de Physique de M. Blainville, vers la fin de l'année 1822.

« La plus grande oxigénation du charbon étant l'acide carbonique, composé d'un atome de carbone et de deux oxigènes ; et supposant que la plus petite sulfuration de potassium soit d'un atome de soufre et d'un atome de potassium, pour obtenir des gaz neutralisés, il faudra prendre, d'après la table des équivalens de Thompson,

$$
\begin{array}{lll}
\text{1 atome de nitre....} & 12{,}75.. & 75 \\
\text{3 atomes de carbone.} & 2{,}25.. & 13{,}24 \\
\text{1 atome de soufre..} & 2{,}\ \ .. & 11{,}76 \\
\hline
& 17{,}\ \ .. & 100
\end{array}
$$

« Cette proportion est exactement celle qu'on suivait au moulin d'Essone, en 1697, d'après l'expérience des siècles, qui avait appris que la poudre ainsi composée, sans trop s'écarter du *maximum* d'action balistique, à le précieux avantage d'offrir moins de prise aux causes ordinaires d'avarie, et conserve sa force mieux et plus long-temps que toute autre.

« Si l'on se sert des Tables de Berzelius, on trouvera :

$$\text{Nitre} \ldots \ldots 74,80$$
$$\text{Charbon} \ldots 13,34$$
$$\text{Soufre} \ldots \ldots 11,86.$$

« Les produits de la détonation de cette poudre sont :

3 atomes d'acide carbonique... 48,53
1 atome d'azote................. 10,30
1 atome de sulfure de potassium. 41,17
                                  ———
                                  100

« Ainsi, les gaz permanens donnés par 100 grammes de cette poudre, dont on a troublé l'équilibre par l'application d'une chaleur brusque, consistent en 48,53 grammes d'acide carbonique, et 10,30 grammes d'azote. Cette masse de fluides aériformes tend, sous la pression barométrique ordinaire, à occuper un certain volume, dont la grandeur dépend de la température du foyer d'explosion, température qui est uniquement fomentée par la seule action chimique. Voyons d'abord quelle serait, par aperçu, la mesure de ce volume à zéro degré de thermomètre ; et, dans ce dessein, admettons que 1 litre de notre poudre pèse 900 grammes, ce qui est à peu près le terme moyen de la densité des poudres granulées. Puisque, d'expérience faite à ce degré, 1 litre d'acide carbonique pèse 1,9741 grammes, et 1 litre de gaz azote 1,2590 grammes, l'espace occupé par les 48,53 grammes d'acide carbonique sera

$$\frac{48,53}{1,9741},$$

ou environ 24 litres, et l'espace occupé par les 10,30 grammes d'azote sera

$$\frac{10,30}{1,2590},$$

ou à peu près 8 litres, qui forment le tiers de l'autre; et comme les 100 grammes de poudre qui ont produit ces deux gaz représentent $\frac{1}{9}$ de litre, on voit que 1 litre de poudre donnera

$$9\,(24 + 8) = 288$$

litres de gaz permanens, mesurés à la température de zéro degré, sous la pression barométrique 0,76 mètres.

«... Hauksbée, Robins et Saluces, qui ont cherché, par des expériences directes, à mesurer ce volume des gaz permanens, ramenés à la température ordinaire, l'ont trouvé, l'un de 252, l'autre de 244, et le troisième de 266. Notre calcul nous donne 288. Ces différences peuvent tenir, soit à la difficulté même de ce genre d'expériences, soit à la diversité des dosages. La grosseur et la capacité des grains sont encore une chose à noter, puisqu'elles influent sur la densité que notre calcul attribue à la poudre.

« La température du foyer d'explosion dépend non-seulement de la quantité de calorique émis, mais encore de sa vitesse et du temps plus ou moins court qu'il met à se dégager. Elle est d'ailleurs considérablement influencée par la masse même de la poudre qu'on enflamme. Un dosage étant donné, et les charges variant de poids, il faudrait pouvoir mesurer la chaleur de la détonation pour conclure, dans chaque cas, l'élasticité des gaz produits, ou la mesure des volumes qu'ils tendraient à occuper, dans le premier instant, pour se mettre en équilibre avec la pression atmosphérique. Pour le tir ordinaire du canon, Robins suppose que cette température est simplement celle du fer chauffé à blanc, ce qui répond à peu près à 800 degrés du thermomètre centigrade ; et comme il a trouvé, par une expérience fort ingénieuse, qu'une masse d'air, passant de la température ordinaire à celle du fer chauffé à blanc, quadruple environ son volume en conservant la même élasticité de 0,76 mètres, il en a conclu que les gaz permanens de la poudre enflammée tendent alors à occuper près de mille fois le volume de la charge.

« Nous devons ajouter que le sulfure de potassium, qui est le troisième produit de la poudre enflammée, prendra aussi, pour se volatiliser, une quantité de calorique émis, laquelle sera, comme pour les deux premiers, proportionnelle à sa capacité de chaleur : alors il exercera aussi les fonc-

-tions de fluide impulsif, propre à se dilater dans le même rapport qui a été déterminé pour les gaz et pour les vapeurs. Comme on n'a point encore cherché la densité de la vapeur de ce sulfure, nous ne pouvons exprimer son rôle dans le calcul que par une hypothèse : nous supposerons donc que cette masse de vapeurs, qui forme plus des deux cinquièmes du poids de la charge, puisse porter jusqu'à 400 les 288 volumes occupés à la température zéro degré par les seuls gaz permanens que fournit un volume de poudre granulée ; et comme la plupart des auteurs s'accordent à regarder l'évaluation de Robins comme fort au-dessous de la vérité, et pensent que, dans le tir ordinaire des pièces d'artillerie, la détonation manifeste une température bien supérieure à celle du fer chauffé à blanc, lequel marque en cet état 800 degrés environ, nous imaginerons, dans la seule vue d'offrir un exemple où cette théorie soit appliquée, que, indépendamment de la quantité de calorique qui a pu être nécessaire pour constituer les gaz à zéro degré, le foyer se trouve élevé à 2400 degrés du thermomètre centigrade, point qui est un peu supérieur à celui où le bronze se fond. A ce degré, dont le métal du canon aurait une part que nous négligeons ici, la loi de dilatation étant supposée applicable, le volume 400 serait porté à

$$400 \left( 1 + \frac{2400}{266,67} \right)$$

ou 4000 ; c'est-à-dire que, dans le premier instant,

le ressort des fluides impulsifs qui chassent le boulet équivaudrait à 4000 atmosphères ; en d'autres
termes, la charge, passant de l'état solide à l'état
gazeux, tendrait à porter son volume de 1 à 4000
pour se réduire à l'élasticité 0,76 mètres.

« Lorsqu'on enflamme une pincée de bonne
poudre de guerre, mise sur du papier très-blanc,
elle se dissipe en entier, sans que celui-ci perde rien
de son éclat. Ce fait, bien connu, démontre, 1° que
les trois atomes de charbon sont complétement dis-
sous par l'oxigène de nitre, et partant, qu'aucune
portion de soufre n'a pu être acidifiée ; 2° que le
sulfure de potassium est parfaitement volatil.

« La même poudre qui, à l'air libre et sur une
surface plane, brûle sans laisser aucune trace de
résidu, se comporte autrement dans les armes à
feu : les circonstances ont changé ; la charge étant
logée dans un tube, l'intérieur de celui-ci se trouve
plus ou moins sali et encrassé après le coup.

« On explique très-bien cette différence. Le
boulet, chassé par l'inflammation de la poudre,
étant sorti de la pièce, l'effusion des gaz impulsifs, qui s'échappent du tube, se prolonge
durant quelques instans très-courts ; leur ressort
se débande jusqu'à ce qu'il soit en équilibre avec
l'élasticité de la colonne atmosphérique ; à ce moment l'âme du canon se trouve remplie seulement
de vapeurs de sulfure de potassium, qui est, des
trois produits, le moins gazéifiable, le plus lourd,
le moins agile. C'est cette masse de vapeurs équilibrante qui va former la suie qu'on trouve dans

l'arme après le tir : en effet , la température du foyer baissant rapidement par l'action de l'air ambiant qui soutire le calorique du métal , l'élasticité de cette vapeur diminue d'autant ; son volume se contracte ; elle se cantonne vers le fond ; l'air entre alors par la bouche , et avance à mesure que le gaz vaporeux se retire. Bientôt arrive une époque où le refroidissement est tel , que le sulfure ne peut plus exister à l'état gazeux ; par quoi il se condense successivement et se dépose à l'état solide , constituant ainsi la crasse noirâtre des armes à feu. Ce résidu est avide et de l'humidité et de l'oxigène atmosphérique.

« Cette masse de vapeurs équilibrante est d'autant moindre que le foyer d'explosion a manifesté un plus haut degré de chaleur, la capacité de l'âme demeurant constante. Or, comme ce degré tient, non-seulement au dosage , mais encore à la parfaite homogénéité et à la bonne fabrication du mélange, notamment pour les petites armes, ou voit que, pour un dosage donné, la poudre encrassera d'autant moins le tube qu'elle sera fabriquée avec plus de soin.

« Nous aurions pu ajouter que , à mesure que la vapeur de sulfure est refoulée par l'air, elle trouve une issue par la lumière du canon, et s'échappe en partie par ce canal, ce qui tend à diminuer l'encrassement de la pièce.

« L'épaisseur de métal augmentant de la bouche à la culasse, cette dernière partie est celle qui se refroidit le plus tard, circonstance qui influe sur les effets qui suivent le tir. L'amorce ayant pris feu, la charge s'enflamme, le coup part, et l'effusion du gaz a lieu, tant par la bouche que par la lumière du canon, jusqu'à ce que l'élasticité de la vapeur de sulfure restante soit en équilibre avec la pression barométrique. Tout ceci s'exécute avec une vitesse prodigieuse, à laquelle succède une sorte de stagnation, qui dure quelques instans biens marqués. Après ce repos, dont on peut mesurer l'intervalle, un jet de fumée s'élance tout à coup de la lumière, et persiste plus ou moins long-temps. Cet effet, qui peut surprendre d'abord, s'explique naturellement par les considérations plus haut. »

L'on ne suivra pas l'auteur dans le reste de son Mémoire, où il s'occupe d'analyser les autres poudres faites suivant les dosages adoptés en France. Ce que l'on vient de rapporter suffit pour donner une idée de la manière dont la chimie actuelle peut résoudre théoriquemment la question importante de l'effet dynamique produite par les gaz développés et dégagés de la poudre lors de son inflammation.

Comme l'existence du sulfure de potassium en vapeurs est problématique, l'on donnera encore les résultats suivans, publiés par Gay-Lussac, dans un rapport du comité des poudres.

« En admettant que le produit solide ou la crasse soit du sulfure de potassium, et que le charbon, supposé à l'état de carbone pur, soit tout converti en acide carbonique, le dosage de la poudre devra être de

Nitre....... 66,852 grammes.
Charbon.... 11,922
Soufre...... 21,226
——————
100

A la température zéro degré, et à la pression de 0,76 mètres, les produits de cette poudre seront

| | poids. | volumes. |
|---|---|---|
| Azote.......... | 9,553 grammes. | 7,461 litres. |
| Acide carbonique. | 43,596 | 22,173 |
| | 52,929 | 29,634 |

« En supposant qu'il se forme seulement de sulfure de potassium et de l'oxide de carbone, on devra prendre les proportions

Nitre....... 65,988 grammes.
Charbon.... 23,537
Soufre...... 10,475
——————
100

et les produits seront

| | poids. | volumes. |
|---|---|---|
| Azote.......... | 9,221 grammes. | 7,365 litres. |
| Oxide de carbone | 54,781 | 43,766 |
| | 64,012 | 51,131 |

« Dans l'hypothèse où il se forme de sulfate de potasse et de l'acide carbonique, il faut

Nitre....... 82,088 grammes.
Charbon.... 4,880
Soufre...... 13,032
——————
100

et l'on obtient

Azote............ 11,483 grammes.    9,162 litres.
Acide carbonique  17,836            9,075
                 ________           ________
                  59,319            18,257

« Dans la supposition où il se forme du sulfate de potasse et de l'oxide de carbone, on doit prendre.

        Nitre........   78,269 grammes.
        Charbon....    9,305
        Soufre......  12,425
                      ________
                       100

et obtenir

Azote............ 10,949 grammes.    8,755 litres.
Oxide de carbone  21,659            17,304
                 ________           ________
                  32,608            26,059

« S'il se forme une demi-proportion de sulfure de potassium et une demi-proportion de carbonate de potasse, le dosage doit être de

        Nitre........   77,369 grammes.
        Charbon....    10,349
        Soufre......  12,282
                      ________
                       100

Produits :

Azote............ 10,823 grammes.    8,655 litres.
acide de carbonique  37,824           19,246
                 ________           ________
                  48,647            27,881

« Ces proportions sont déterminées pour donner des produits neutralisés.

« La dernière supposition ne s'éloigne pas beaucoup du dosage en usage pour la poudre de chasse ; mais la détonation de cette poudre a donné un mélange gazeux composé, sur 100 parties, de

| | |
|---|---|
| Gaz acide carbonique..... | 52,6 |
| Oxide de carbonne....... | 5,0 |
| Azote................... | 42,4 |
| | 100 |

résultats qui s'éloignent beaucoup de ceux que donne le calcul, puisqu'on aurait dû obtenir plus que le double de l'azote en acide carbonique. Il est à remarquer que la poudre, étant d'une ancienne fabrication, ne remplissait pas les conditions nécessaires pour ce genre d'épreuves. Le comité doit faire de nouvelles recherches là-dessus. »

Quand à la différence de volume des gaz de la poudre à l'instant de l'explosion et du volume de ces mêmes gaz à zéro degré, on trouve, dans Texier de Norbec, le passage suivant :

« M. le comte de Saluces fit emboîter cinq tuyaux de verre les uns dans les autres, depuis le flacon qui contenait la poudre jusqu'au récipient pneumatique. Le tuyau communiquant au flacon était beaucoup plus long que les autres, parce qu'il avait observé, dans des expériences antérieures, que le fluide, n'ayant pas un espace assez étendu pour se développer, rompait le flacon par la trop grande proximité de l'obstacle. Chaque bout de tuyau était

couvert d'un double filtre de gaze bien serrée, en-
duite de bonne huile de tartre. Il y avait, le long
des quatre premiers tuyaux, des fils de coton en-
duits d'huile de tartre. On mit de l'huile de tartre
sur le filtre de toile serrée ou de gaze triple du cinquième tuyau qui entrait dans le récipient; toutes
les jonctions étaient exactement lutées. Le baromètre, recourbé, finissait en forme d'entonnoir vers
la partie qui communiquait avec l'air extérieur, et
l'autre extrémité entrait dans un petit cylindre qui
tenait à un robinet, lequel passait dans le récipient
en traversant la platine de la machine pneumatique;
les jonctions bien lutées, le mercure était à 27
pouces lorsque la poudre prit feu.

« Le mercure baissa au premier instant de 10 à
12 pouces; et, après quelques oscillations qui di-
minuaient par degrés, il commença à monter, et
ne discontinua qu'après quelque temps, s'étant
arrêté à un ou deux pouces plus bas qu'il n'était au
moment où la poudre s'enflamma. On marqua ce
point avec un fil; le baromètre fut gardé trois
jours, sans qu'on s'aperçût qu'il eût subi d'autre
changement.

« Il avait remarqué que dans le premier instant
l'expansion était d'autant plus forte, que l'air, dégagé de la poudre, était parfaitement sec; il éprouva
ensuite qu'en mettant du mercure dans la partie
ouverte du tube, la compression se faisait en raison
des poids ajoutés, mais que ce rapport n'a lieu que
jusqu'à un certain terme, l'expérience montrant
que lorsque la densité de l'air est seulement qua-

druple de la naturelle, la condensation n'augmente plus qu'en moindre raison des poids comprimans, d'où l'on a tout lieu de penser que cette raison ira en diminuant de plus en plus dans les grandes condensations. Il ajoute que l'air contenu dans la poudre étant mêlé avec des substances hétérogènes, il pourrait bien avoir une gravité spécifique, aussi grande que la poudre même; partant que, dans ce cas, l'excès de la condensation pourrait en quelque manière compenser la moindre quantité qu'il y en a.

« Par une machine particulière adaptée à la machine pneumatique, il s'est confirmé que le fluide élastique de la poudre était toujours proportionnel à la quantité de la même poudre, et qu'il était compressible, comme l'air, dans la raison des poids.

« Le soufre prend toujours feu au 593ᵉ degré Farenheit (249 degrés Réaumur). »

M. le comte de Saluces, n'ayant pas donné d'une manière bien fixe le volume des gaz permanens, paraîtrait avoir fait plussieurs essais, et n'avoir donné que les limites qui avaient circonscrit ses résultats. Ainsi, en prenant un moyen terme, et en regardant le volume des gaz permanens représenté par un abaissement de 1,5 pouces dans la colonne cylindrique, on pourra supposer qu'un abaissement de 11 pouces dans la même colonne représentera le volume de ces mêmes gaz à l'instant de la détonnation : 11 divisé par 1,5, ou 7,33, exprimerait le rapport de ces deux volumes, si le gaz avait eu, dans les deux cas, la même tension.

La pression moyenne de l'atmosphère étant équivalente à une colonne de mercure de 28 pouces,
et, avant l'expérience, le mercure n'ayant qu'une
hauteur de 27 pouces, il s'ensuit qu'au moment de
l'explosion la tension des gaz était égale à une colonne de mercure de 12 pouces de hauteur, tandis
que, après la réduction de ces gaz à la température
ordinaire, cette même tension n'était égale qu'à
une colonne de mercure de 2,5 pouces de hauteur.
Le rapport de ces deux tensions étant 4,8, le rapport du volume des gaz, à l'instant de l'explosion
à celui de ces mêmes gaz, réduits à la température
ordinaire, sera donné par 4,8 $\times$ 7,33 ou par 35,2.
En supposant la température moyenne de l'atmosphère de 12 degrés centigrades, le volume d'un
gaz à cette température moyenne sera au volume
de ce même gaz à la température zéro degré
: : 1,045 : 1. Ainsi, 35,2 $\times$ 1,045 ou 36,784, exprimera le rapport du volume des gaz à l'instant de
l'explosion, à celui des gaz à la température zéro
degré.

Le volume des gaz à la température ordinaire, et
celui des gaz au moment de l'explosion, étant supposés représentés par un abaissement de 2 et de 12
pouces de mercure, on trouverait 6 $\times$ 4 $\frac{1}{3}$ ou 26
pour le rapport du volume des gaz à l'instant de
l'explosion au volume des gaz à la température ordinaire.

Le volume des gaz à la température ordinaire,
et celui des gaz à l'instant de l'explosion étant supposés occasioner dans la colonne barométrique

un abaissement de 1 et de 10 pouces , on aurait
10 $\times$ 5,5 ou 55 pour le rapport du volume des gaz
à l'instant de la détonation au volume des gaz à
la température ordinaire.

On voit que 40,5 moyenne de ces deux derniers rapports est d'un septième plus grand que le
premier.

Cherchons la température nécessaire pour donner
à un gaz qui se trouve à zéro degré , un volume 26
fois plus considérable. D'après Gay-Lussac , les gaz
se dilatent pour chaque degré du thermomètre centigrade de $\frac{1}{266,67}$ de leur volume à zéro degré.
Ainsi , en représentant par $x$ le nombre de degrés
de la température cherchée , on aura

$$26 = \left( 1 + \frac{x}{266,67} \right)$$

ou $x = 6666,7$, température bien supérieure à celle
qui doit exister réellement , et à laquelle les pièces
de bronze ne résisteraient pas , sans doute.

Et encore a-t-on pris la donnée la plus favorable
à la loi de Gay-Lussac ; et puisque M. de Laplace
vient de démontrer mathématiquement cette dernière loi , cela provient peut-être d'une nouvelle
décomposition et d'une formation de nouveaux gaz ,
ou mieux de ce que les fluides dégagés agissent plutôt comme vapeurs que comme gaz permanens.

Évaluons la force de la poudre en atmosphères.
La seconde espèce de poudre , examinée par Gay-
Lussac, donne un volume de gaz, à zéro degré, 511

fois plus considérable que celui de la poudre dont ils ont été dégagés, et cela en supposant que la densité de la poudre est égale à celle de l'eau. Fontana et Priestley avaient trouvé qu'un pouce cube de poudre brûlée dans un récipient produisait 569 pouces cubes de fluide permanent (PEYRE, *mouvement igné*). En admettant cette dernière donnée, et que 55 exprime le rapport des volume des gaz à l'instant de l'explosion au volume des gaz à zéro degré, on trouverait, d'après la loi de Mariotte, que la force dynamique de la poudre serait égale à $569 \times 55$ ou à 31295 atmosphères. Cette même force, d'après la formule de Rumford, rectifiée, est de 29394, et, d'après la nôtre, elle est de 40197 atmosphères. Ainsi, la différence n'est pas très-considérable. Dans les mêmes hypothèses, pour que la force dynamique de la poudre fût égale à 40197 atmosphères, il suffirait que le volume du gaz à zéro degré fût seulement 733 fois plus considérable que celui de la poudre avant la combustion.

---

*Des vitesses initiales, comparées aux différentes densités des boulets, et à leurs différens vents.*

Dans le rapport des premières expériences faites par Hutton, en 1775, pour connaître l'influence des différens poids des boulets sur leurs vitesses initiales, on n'a pu faire que très-peu de calculs, parce que les diamètres des boulets étaient fort irréguliers , et que l'on n'avait encore aucune règle pour calculer la perte de vitesse par le vent. Aussi l'on s'est contenté de rapporter textuellement , et autant qu'il est possible, les expressions dont Lombard s'est servi dans le compte qu'il en a rendu dans sa traduction des nouveaux principes de Robins.

Le reste de cet article est consacré à la discussion des expériences faites à la même époque avec un second pendule , et avec plus de soin que les premières. Pour arriver à quelque résultat, on a été forcé de déduire des expériences du 11 septembre 1784 , faites avec le canon n° 3 , la loi relative aux différens vents du boulet , pour réduire les expériences de 1775 , à celles que l'on aurait dû obtenir avec le même diamètre de 2,024 pouces ; de celle-ci on a déduit la loi relative aux différens poids des boulets qui a servi, à son tour, à réduire au même poids du boulet les expériences de 1784 ; on a conclu de ces dernières une nouvelle loi de l'influence des différens diamètres sur les vitesses initiales, et en continuant cette méthode de substitutions , dont on a rapporté toutes les opérations et les circonstances , on est parvenu à obtenir des lois assez probables , puisque l'on avait supposé , au commencement de l'opération , l'exposant des différens poids constant et celui des différens diamètres variable , et que l'on a été conduit à rendre variable l'exposant des différens poids des boulets , et constant celui de leurs différens diamètres.

Pour les expériences de 1775 on s'est servi d'un canon de bronze de 2,16 pouces de diamètre à la bouche, et dans toute sa partie cylindrique, jusqu'au logement de la poudre, où ce diamètre diminuait, et n'était, dans le fond, que de 2,08 pouces, de manière que le plus gros boulet de fer que le canon pouvait recevoir pesait 19,5 onces.

La longueur de l'âme était de 42,6 pouces, ou environ de 20,5 calibres.

La poudre était de l'espèce que l'on fabrique pour le compte du gouvernement. Les charges, de 2, 4, 8 onces, étaient renfermées dans des gargousses de flanelle; on les refoulait plus ou moins; mais on ne mettait pas de bourre au-devant.

Le premier pendule dont on a fait usage pesait 528 livres, et avait 102,5 pouces de longueur. La distance de l'axe de rotation au centre de gravité était de 72 pouces, et à celui d'oscillation de 88. Il était éloigné de la pièce de 29 pieds.

On a trouvé, pour la moyenne de 5 coups de deux onces, la vitesse initiale de 625 pieds, et pour celle de 2 coups de 4 onces, celle de 916. Le premier coup de 2 onces, trop faible d'un quart, n'a pas été compris dans ces moyennes.

Ainsi l'on a

$$625 : 916 :: 1 : 1,46$$

Si l'on fait attention que

$$\sqrt{1} : \sqrt{2} :: 1 : 1,42$$

et que les balles chassées par 2 onces pesaient 17,3 onces, et avaient pour diamètre 1,97 pouces, et que celles employées avec 4 onces pesaient 17,125 onces, et avaient un diamètre de 1,965 pouces, on pourra penser, avec quelque probabilité, que les vitesses initiales sont entre elles comme les racines carrées des charges divisées par les racines carrées des poids des boulets.

Dans une seconde suite d'expériences, on fit les remarques suivantes :

« Plusieurs de ces expériences sont douteuses, comme on le voit par le peu d'uniformité. Le ruban indicateur de la première vibration du pendule était agité par le vent, et glissait trop librement dans la petite machine de cuivre faite pour l'assujettir.

« Les quatrième et cinquième coups ont été tirés avec des boulets longs d'une forme sphérico-cylindrique, ou composés d'un cylindre terminé, à chacune de ses bases, par une demi-sphère, la longueur étant double du diamètre.

« Au quatrième coup, le boulet long frappa le pendule par son côté ; son entrée dans le bois avait la forme de sa section longitudinale, l'axe étant placé verticalement.

« Le dernier boulet entra obliquement dans le bois ; il y a apparence qu'en pénétrant dans le bloc son extrémité antérieure a rencontré un boulet qui y était logé, puisque cette extrémité était un peu aplatie par le côté : d'où l'on peut conclure que les boulets longs ont toujours un mouvement de rotation fort irrégulier. »

Ce mouvement irrégulier était connu depuis long-temps, puisque l'on trouve dans les Mémoires de Saint-Remy, que l'on avait fait usage de boulets creux en forme de cylindre, remplis d'artifices, et qui devaient servir à faire quelquefois l'office de fougasse, pour déblayer les brèches, mais que leur mouvement irrégulier les faisait présenter à la surface des terres bien souvent par leur section longitudinale, ce qui les empêchait de s'enfoncer, et les avait fait abandonner.

Avec les moyennes prises sur deux coups, les boulets sphériques pesant 19,5 onces ont donné la vitesse 973, et les boulets longs pesant 46,5, celle 749. Tirant la valeur de N de ces résultats, on trouvera 0,3003.

Le diamètre de ces boulets était de 2,08 pouces, et la charge employée de deux onces.

Pour le reste de ces expériences, on a employé un second pendule, qui était si parfait, et toutes les circonstances des épreuves si scrupuleusement observées, que l'on peut avoir une grande confiance sur les résultats qu'elles ont donnés. Il avait 101 pouces de longueur, et pesait 552 livres. La distance de l'axe de rotation au centre de gravité était de 78 pouces, et celle au centre d'oscillation de 88.

On a fait deux séries d'expériences : dans la première on s'est servi de boulets de plomb, et l'on a trouvé :

| Charges.............. | 2.. | 4.. | 8 |
| --- | --- | --- | --- |
| Vitesses initiales.... | 613.. | 873.. | 1,162 |
| Poids des boulets.... | 1,775.. | 1,775.. | 1,792 |
| Diamètres d'*idem*.... | 2,024.. | 2,024.. | 2,030 |

La seconde série, avec des boulets de fer, a
donné :

      Charges............    2..      4..       8
      Vitesses initiales....   701..   993..  1,397
      Poids des boulets....  1,174..  1,174..  1,162
      Diamètres d'*idem*...  2,055..  2,054..  2,048

Pour diminuer l'influence que la différence du
diamètre des boulets peut produire sur l'exactitude
des résultats, on a ramené ces vitesses à celles que
l'on aurait obtenues avec des boulets de 2,024 pouces de diamètre, pesant toujours le même poids
marqué ci-dessus.

Pour les charges de

            2            4            8 onces,

on trouvera que les vitesses initiales sont entre
elles comme les diamètres des boulets élevés à la
puissance

         2,33        2,20        2,07.

D'où l'on conclura, pour les boulets de plomb, les
vitesses initiales

          613         873        1155;

et pour ceux de fer, celles

          660         961        1363.

Déduisant à présent de ces vitesses les valeurs de
N, relatives aux différens poids des boulets, on
trouvera

        0,1801      0,2539      0,3826.

Ainsi, à la place de l'exposant constant 0,5005, il faudra employer désormais un exposant variable qui augmente avec les charges. Si l'on fait attention que plus la poudre a d'efforts à faire, et d'obstacles à surmonter, plus son inflammation doit être considérable dans les premiers instans, on ne doutera pas de l'existence de cette variation et de son accroissement dans le même sens que les charges.

Comme à l'inspection des résultats, on ne connaît pas la loi que suivent ces exposans, on supposera qu'ils croissent en progression géométrique, tandis que les charges augmentent en progression arithmétique.

On trouvera la valeur de $\log A = 0,05454$ et de $\log \alpha = 1,14788$, et les exposans

$$0,1807 \qquad 0,2323 \qquad 0,3839.$$

Les lois relatives aux différens diamètres des boulets, sur lesquelles on s'est fondé précédemment, ont été déduites des expériences du 11 septembre 1784, faites avec le canon n° 3.

Dans ces expériences, les poids des boulets de

$$16,14 \qquad 16,40 \qquad 15,2 \text{ onces}$$

ont fourni, avec 8 onces, les vitesses

$$1815 \qquad 1728 \qquad 1662,$$

et avec 4 onces, celles

$$1346 \qquad 1244 \qquad 1225.$$

Réduisant ces vitesses au même poids du boulet 16,14, par la règle que les vitesses initiales sont entre elles comme les racines cubiques des poids des boulets, on trouvera, avec les diamètres,

$$1,97 \qquad 1,92 \qquad 1,87;$$

et la charge de 8 onces les vitesses,

$$1815 \qquad 1737 \qquad 1629;$$

et avec celles de quatre onces, celles

$$1346 \qquad 1251 \qquad 1201.$$

Cherchant à quelle puissance il faut élever ces diamètres, pour qu'ils deviennent proportionnels à ces derniers, on trouvera, pour la valeur de N, avec la charge de 8 onces, l'exposant 2,070, et avec celle de 4 onces celui 2,195. Pour faire varier les exposans avec les charges, l'on avait supposé que ces exposans étaient entre eux comme les charges élevées à une certaine puissance, ce qui avait donné la valeur de $N = 0,0846$, et, pour la charge de 2 onces, l'exposant 2,329.

En se servant à présent de l'exposant 0,2323 pour 4 onces, et de celui 0,3839, afin de réduire les vitesses précédentes au même poids du boulet 16,14 onces, on aura, pour 4 onces, les vitesses

$$1346 \qquad 1252 \qquad 1211;$$

et pour huit onces celles,

$$1815 \qquad 1738 \qquad 1624.$$

D'où l'on déduira, pour 4 onces, l'exposant 2,022, et pour 8 onces, celui 2,133.

Pour pouvoir appliquer ces nouvelles valeurs à la rectification des exposans relatifs aux différens poids des boulets, il faut en déduire l'exposant pour la charge de 2 onces; pour cela, on admettra que les exposans croissent en progression géométrique quand les charges augmentent en progression arithmétique. On trouvera pour $\log A = 0,00580$, pour $\log \alpha = 0,28251$, et pour l'exposant correspondant à 2 onces, ... 0,1968.

Par l'application des exposans que l'on vient de déterminer, les vitesses qui ont servi à déduire la loi relative aux différens poids des boulets deviendront

$$613 \qquad 873 \qquad 1155$$
$$664 \qquad 964 \qquad 1364.$$

On en déduira les exposans

$$0,1955 \qquad 0,3410 \qquad 0,5817.$$

qui donnent $\log A = 0,04845$ et $\log \alpha = 1,19232$, et les exposans

$$0,1946 \qquad 0,2432 \qquad 0,5800$$

d'où les vitesses

$$1346 \qquad 1249 \qquad 1207$$
$$1815 \qquad 1738 \qquad 1624.$$

On déduit de ces dernières, pour 4 onces, l'exposant 0,2106, et pour 8 onces.... 0,2084. Les exposans de ces deux charges, alternativement plus grands l'un que l'autre, et la diminution de leurs différences montrent bien évidemment que l'exposant des diamètres des boulets doit rester le même pour toutes les charges.

Les deux premiers donnent la moyenne. 2,232
Les deux seconds...................... 2,127
Les deux troisièmes.................... 2,095

Il est présumable que si l'on continuait l'opération, on trouverait des moyennes qui approcheraient de plus en plus de l'exposant 2,000, qui, appliqué à rectifier la loi sur les différens poids des boulets, donne

$$613 \qquad 873 \qquad 1155$$
$$665 \qquad 964 \qquad 1364.$$

De ces vitesses, on déduit les exposans

$$0,1937 \qquad 0,2399 \qquad 0,3845,$$

et les valeurs $\log A = 0,04815$, et $\log \alpha = 1,19091$, qui donnent les exposans corrigés

$$0,1937 \qquad 0,2418 \qquad 0,3856.$$

D'où l'on conclura, pour la loi relative aux différens poids des boulets,

$$V = B P^{-\alpha A},$$

ou

V désigne la vitesse initiale,
P...... le poids du boulet,
C....... la charge employée,
B...... une constante qui doit varier avec la
        charge, la qualité de la poudre;

et que les vitesses initiales croissent comme les carrés des diamètres des projectiles.

En appliquant l'exposant 2,09 aux données de l'expérience

$$1346 \qquad 1249 \qquad 1207,$$

et

$$1815 \qquad 1758 \qquad 1624,$$

obtenues avec les charges de 4 et 8 onces, et les diamètres des boulets

$$1,97 \qquad 1,93 \qquad 1,87,$$

on a trouvé les moyennes

$$1337 \qquad 1267 \qquad 1199$$
$$1820 \qquad 1725 \qquad 1632,$$

et les rapports des erreurs

$$0,0067 \qquad 0,0160 \qquad 0,0066$$
$$0,0028 \qquad 0,0075 \qquad 0,0049.$$

Si l'on avait rectifié les données de l'expérience au moyen de la dernière formule relative aux différens poids des boulets à laquelle on s'est arrêté, on aurait obtenu une approximation sans doute un peu plus grande.

On observera que l'erreur moyenne à craindre pour chacune des données de l'expérience a pour rapport 0,0204, puisqu'elles ne sont les moyennes que de deux coups, tandis que l'erreur moyenne trouvée par la formule n'est, pour 4 onces, que de 0,0098, et pour 8 que de 0,0054.

( 111 )

On trouve dans les Annales de Chimie et de Physique qu'à Woolwich, le 19 mai, jour sec et nuageux, thermomètre 13° 3, baromètre 0,761 mètres, on a fait, avec un pendule pesant 7008 livres, et un canon de 12 livres, les expériences suivantes, dont on ne peut rien conclure pour la loi des vitesses initiales par rapport aux différens vents du boulet, quoique Grégory les ait faites dans ce but.

| BOULET. | | VENT. | CHARGES. | | | VITESSES INITIALES. |
|---|---|---|---|---|---|---|
| POIDS. | DIAMÈTRE. | | | | | |
| liv. onc. dr. | pou. | | liv. onc. dr. | | | |
| 12 13 0 | 4,545 | 0,075 | 3 | 5 | 6 | 1548 |
| 12 12 7 | 4,54 | 0,080 | 3 | 5 | 6 | 1537 |
| 12 11 0 | 4,545 | 0,075 | 5 | 5 | 6 | 1588 |
| 12 10 1 | 4,54 | 0,080 | 5 | 5 | 6 | 1507 |
| 11 11 8 | 4,42 | 0,200 | 4 | 0 | 0 | 1572 |
| 11 10 4 | 4,418 | 0,202 | 4 | 0 | 0 | 1537 |
| 11 12 1 | 4,418 | 0,202 | 4 | 0 | 0 | 1563 |
| 11 12 1 | 4,418 | 0,202 | 4 | 0 | 0 | 1529 |

car, en supposant que les vitesses initiales étaient en raison inverse des racines carrées des différens poids des boulets et comme les racines carrées des charges, on avait trouvé les exposans

$$\frac{820}{19} \quad \frac{4285}{1154} \quad \frac{1322}{47}$$

Ces valeurs sont trop différentes entre elles, et de celles déjà obtenues, pour inspirer la moindre confiance.

Le défaut capital des expériences de Grégory provient de n'avoir pas pris une différence assez considérable dans les diamètres des boulets.

------

*Des vitesses initiales, par rapport aux différentes longueurs d'âme.*

Le tableau suivant contient les vitesses moyennes données par Hutton pour tous les canons, avec différentes charges de poudre, en supposant les boulets tous d'un diamètre de 0,96 pouces, et du poids de 16 onces 15 drachmes.

| CHARGES. | CANONS | | | |
|---|---|---|---|---|
| | N° 1. | N° 2. | N° 3. | N° 4. |
| onces. | pieds. | pieds. | pieds. | pieds. |
| 2 | 774 | 825 | 912 | 968 |
| 4 | 1102 | 1191 | 1348 D | 1573 |
| 6 | 1340 | 1444 | 1593 | » |
| 8 | 1431 | 1552 | 1787 | 1936 |
| 10 | 1455 | 1689 | » | » |
| 12 | 1456 | 1638 | » | » |
| 14 | 1416 | 1657 | » | » |
| 16 | 1577 | 1656 | 1998 | 2106 |

Robins, et beaucoup d'autres auteurs après lui, voulant chercher une formule pour calculer *à priori* les vitesses initiales, sont parvenus au résultat suivant :

Soit $x$ la longueur de l'âme de la pièce, $v$ la vitesse du boulet : d'après la loi de l'élasticité des fluides, en raison inverse des poids dont ils sont chargés, on aura $\frac{mdx}{x}$ pour l'accroissement de vitesse que le projectile recevra à chaque instant, $m$ désignant un coefficient dépendant de la densité du projectile, de celle du fluide, du diamètre de l'âme, et de la longueur de l'espace occupé par le fluide avant le commencement du mouvement, etc. De l'équation

$$dv = m\,\frac{dx}{x},$$

on tirera par l'intégration

$$v = m \log x + c,$$

ou

$$v = m\,(\log x - \log a),$$

ou

$$v = m \log \frac{x}{a} \ldots\ldots (27).$$

$a$ désigne la longueur de l'âme occupée par le fluide avant le commencement du mouvement.

Pour vérifier cette formule, il faut se servir des logarithmes népériens, et faire attention qu'au canon n° 1 correspond la longueur d'âme 28,2 pouces

n° 2. . . . . . . . . . . . . . . . . . . 58,1

n° 3. . . . . . . . . . . . . . . . . . . 57,57

n° 4. . . . . . . . . . . . . . . . . . . 79,9;

8

et que, pour la longueur de la charge, on aura,
d'après Hutton, la formule

$$1,27\,p + 0,28 = l,$$

où $p$ désigne la moitié du poids de la charge en
onces, et $l$ la longueur cherchée. On se convain-
cra, par cette recherche, que la formule précédente (27) est bien loin de représenter les expériences, et qu'il faut tâcher d'en déduire une nouvelle
de ces dernières. La formule ci-dessus convient
très-bien aux fusils à vent, où la masse totale du
fluide reste toujours la même, tandis que, dans les
armes à feu, la poudre ne s'enflammant pas instan-
tanément, le fluide développé s'accroît à chaque
instant, et fait que la densité du fluide diminue
dans un rapport moindre que celui de l'espace parcouru à chaque instant par la balle. Ainsi la formule

$$dv = m\,\frac{dx}{x},$$

dans le cas de l'inflammation successive de la poudre, peut se modifier de la manière suivante :

$$dv = m\,\frac{dx}{x^n},$$

et donner par l'intégration

$$v = \mathrm{M}\,x^{\mathrm{N}}.$$

Cette remarque a suggéré l'idée d'essayer si, dans
les expériences précédentes, les vitesses initiales
ne seraient pas entre elles comme les longueurs de
l'âme élevées à une certaine puissance; d'autant plus

que les lois de cette forme sont très-communes en physique, et que leur application dans la pratique est des plus aisées.

Pour voir si les vitesses initiales sont entre elles comme les longueurs de l'âme élevées à une certaine puissance, on a fait usage de l'algorithme, et on a trouvé,

pour la charge de 2 onces, l'exposant  0,2183
$\qquad$ 4. . . . . . . . . . . . . 0,2217
$\qquad$ 6. . . . . . . . . . . . . 0,2435
$\qquad$ 8. . . . . . . . . . . . . 0,2935
$\qquad$ 16. . . . . . . . . . . . 0,4132

Ces exposans varient avec les charges, et augmentent dans le même sens que ces dernières. En cherchant si leurs rapports ne seraient pas entre eux comme ceux d'un certain nombre élevé aux puissances marquées par les charges, on a trouvé

$$\log A = 0,02075 \quad \text{et} \quad \log \alpha = 1,28180 ;$$

d'où l'on conclut,

pour 2 onces, l'exposant  0,2105
$\qquad$ 4 . . . . . . . . . . . . 0,2316
$\qquad$ 6 . . . . . . . . . . . . 0,2548
$\qquad$ 8 . . . . . . . . . . . . 0,2803
$\qquad$ 16 . . . . . . . . . . . 0,4106 ;

et ces derniers donnent,

pour 2 onces, la valeur de log B  2,79583
$\qquad$ 4 . . . . . . . . . . . . . 2,94047
$\qquad$ 6 . . . . . . . . . . . . . 3,01095
$\qquad$ 8 . . . . . . . . . . . . . 3,03247
$\qquad$ 16 . . . . . . . . . . . . 2,96917

et les résultats

| CHARGES. | CANONS | | | |
| --- | --- | --- | --- | --- |
| | Nº 1. | Nº 2. | Nº 3. | Nº 4. |
| onces. | pieds. | pieds. | pieds. | pieds. |
| 2 | 777 | 828 | 905 | 968 |
| 4 | 1108 | 1189 | 1307 | 1411 |
| 6 | 1356 | 1442 | 1601 | » |
| 8 | 1444 | 1568 | 1758 | 1930 |
| 16 | 1426 | 1613 | 1908 | 2186 |

et les rapports des erreurs

| CHARGES. | CANONS | | | | ERREURS moyennes. |
| --- | --- | --- | --- | --- | --- |
| | Nº 1. | Nº 2. | Nº 3. | Nº 4. | |
| 2 | 0,0040 | 0,0036 | 0,0077 | 0,0009 | 0,0038 |
| 4 | 0,0054 | 0,0017 | 0,0304 | 0,0276 | 0,0162 |
| 6 | 0,0030 | 0,0014 | 0,0050 | » | 0,0031 |
| 8 | 0,0091 | 0,0103 | 0,0162 | 0,0031 | 0,0098 |
| 16 | 0,0356 | 0,0260 | 0,0430 | 0,0380 | 0,0371 |
| Moyennes. | 0,0114 | 0,0086 | 0,0208 | 0,0171 | 0,0143 |

Ainsi, l'erreur moyenne générale n'est que de $\frac{1}{70}$.

Si l'on fait attention que le projectile ne parcourt réellement, dans l'intérieur de la pièce, que la partie de l'âme qui se trouve située en avant de la charge, il est naturel de penser que l'on obtiendra une plus grande approximation en comparant les vitesses initiales aux longueurs de l'âme, diminuées de l'espace occupé par la charge. Cette dernière recherche a donné,

pour la charge de 2 onces, l'exposant  0,2084

$$4\dots\dots\dots\dots\dots\dots\; 0,2064$$
$$6\dots\dots\dots\dots\dots\dots\; 0,2163$$
$$8\dots\dots\dots\dots\dots\dots\; 0,2565$$
$$16\dots\dots\dots\dots\dots\dots\; 0,3131.$$

En cherchant le nombre A, qui, élevé aux puissances marquées par les charges, devient proportionnel à ces derniers exposans, on a trouvé

$$\log A = 0,01359,$$
$$\log \alpha = 1,27667;$$

et,

pour 2 onces, l'exposant  0,2013

$$4\dots\dots\dots\dots\dots\dots\; 0,2143$$
$$6\dots\dots\dots\dots\dots\dots\; 0,2281$$
$$8\dots\dots\dots\dots\dots\dots\; 0,2429$$
$$16\dots\dots\dots\dots\dots\dots\; 0,3120;$$

et ceux-ci, à leur tour, donnent,

pour 2 onces, la valeur de $\log B$  2,60439

$$4\dots\dots\dots\dots\dots\dots\dots\dots\; 2,74476$$
$$6\dots\dots\dots\dots\dots\dots\dots\dots\; 2,81103$$
$$8\dots\dots\dots\dots\dots\dots\dots\dots\; 2,82982$$
$$16\dots\dots\dots\dots\dots\dots\dots\dots\; 2,75787,$$

et les vitesses

| CHARGES. | CANONS | | | |
|---|---|---|---|---|
| | N° 1. | N° 2. | N° 3. | N° 4. |
| 2 | 777 | 828 | 906 | 967 |
| 4 | 18 | 1190 | 1308 | 1409 |
| 6 | 1331 | 1444 | 1601 | » |
| 8 | 1440 | 1575 | 1762 | 1924 |
| 16 | 1398 | 1608 | 1899 | 2143 |

et les rapports des erreurs

| CHARGES. | CANONS | | | | Moyennes. |
|---|---|---|---|---|---|
| | N° 1. | N° 2. | N° 3. | N° 4. | |
| 2 | 0,0040 | 0,0036 | 0,0060 | 0,0003 | 0,0034 |
| 4 | 0,0054 | 0,0009 | 0,0297 | 0,0262 | 0,0155 |
| 6 | 0,0045 | 0,0009 | 0,0050 | » | 0,0031 |
| 8 | 0,0065 | 0,0135 | 0,0139 | 0,0062 | 0,0099 |
| 16 | 0,0153 | 0,0289 | 0,0495 | 0,0175 | 0,0278 |
| Moyennes. | 0,0071 | 0,0094 | 0,0208 | 0,0129 | 0,0130 |

Ainsi l'on voit que la moyenne générale des rapports des erreurs est 0,0131, ou $\frac{1}{77}$

Mais si l'on supprimait les résultats de la pièce n° 3, qui est celle qui a donné constamment les plus grandes erreurs, l'approximation serait de 0,0096.

D'Arcy, avec la charge de poudre de 108 grains et des balles pesant 700 grains, a fait les expériences suivantes.

Les canons dont il se servait étaient des canons de fusil du calibre d'ordonnance, beaucoup plus épais qu'à l'ordinaire, ayant 3 lignes d'épaisseur à la bouche, et 5 lignes à la culasse.

Dans les deux tableaux suivans, toutes les cordes sont réduites à un rayon de 2400 parties.

| DATES. | LONGUEURS des canons. | NOMBRES des coups. | CORDES moyennes. | VITESSES. |
|---|---|---|---|---|
| 4 août 1752. | 1466 $\frac{2}{3}$ | 6 | 47,9 | 933 |
| 4 et 7. | 1331 $\frac{2}{3}$ | 9 | 46,4 | 908 |
| 7. | 1191 $\frac{2}{3}$ | 8 | 45,4 | 890 |
| 7 et 14. | 1061 | 9 | 45 3 | 888 |
| 14. | 926 $\frac{2}{3}$ | 6 | 44,5 | 872 |
| 14 et 18. | 791 $\frac{2}{3}$ | 10 | 42,5 | 855 |
| 18. | 656 $\frac{2}{3}$ | 6 | 40,6 | 796 |
| 18. | 521 $\frac{2}{3}$ | 6 | 38 | 746 |
| 18 et 22. | 586 $\frac{2}{3}$ | 9 | 33,3 | 653 |
| 22. | 251 $\frac{2}{3}$ | 7 | 28,5 | 559 |
| 22. | 116 $\frac{2}{3}$ | 4 | 18,3 | 359 |

Les mêmes expériences, continuées sur un canon de 6 pieds de long, même charge, même pesanteur de balle, le calibre du canon un peu moindre.

| DATES. | LONGUEURS des canons. | NOMBRES des coups. | CORDES moyennes. | VITESSES. |
|---|---|---|---|---|
| 26 août 1752. | 2406 | 6 | 55,3 | 1083 |
| 26. | 2140 | 6 | 54 | 1058 |
| 26 et 30. | 1873 $\frac{1}{2}$ | 9 | 55,2 | 1042 |
| 30. | 1606 $\frac{1}{3}$ | 7 | 52,2 | 1023 |
| 30. | 1340 | 7 | 50,6 | 991 |
| 30 et 4 sept. | 1073 $\frac{1}{3}$ | 8 | 47,5 | 951 |
| 4. | 806 $\frac{2}{3}$ | 7 | 45,1 | 884 |
| 4 et 15. | 540 | 8 | 40,5 | 794 |
| 15. | 273 $\frac{1}{3}$ | 6 | 30,7 | 602 |

OBSERVATIONS.

Le calibre du fusil de M. d'Arcy, étant de 23 parties de 400 au pied de roi, était de 8 lignes 3 points et demi. Ses balles de plomb ne pouvaient peser tout au plus que 1,28 onces; mais celles qu'il a employées, pesant 700 grains ou 1,217 onces, avaient un diamètre d'environ 8 lignes 10 points, et par conséquent le vent de la balle était d'environ 20 points.

En second lieu, d'après le titre de la seconde table, on ne doute pas qu'il ne se soit servi cons-

tamment du même fusil, qu'il faisait scier probablement au fur et à mesure à la longueur qu'il voulait éprouver.

En troisième lieu, comme les vitesses des balles
n'ont été communiquées au pendule que par le
moyen du choc, la balle, après avoir frappé le
pendule, conservait encore une partie de sa vitesse,
ainsi les vitesses obtenues de cette manière sont
moindres que celles dont les cylindres étaient réellement animés, et leur rapport entre elles peut
bien en avoir été altéré.

En cherchant par l'algorithme l'exposant le plus
convenable dans ces expériences, on a, en sup-
primant la 6ᵉ donnée, dans la première suite d'expérience... 0,3350, et la 5ᵉ, dans la 2ᵉ suite... 0,2403;
mais si l'on supprime les deux plus petits résultats,
on trouve 0,2703 et 0,1948 : ce qui nous indique que
l'erreur qui affecte chaque donnée croît probablement dans un plus grand rapport que ces données;
et, dans ce cas, l'algorithme ne peut plus être employé. En ne considérant pas chaque donnée comme
prise sur un égal nombre de résultats, de la moitié de
la somme comprenant les plus grandes données, il
faut retrancher la moitié de la somme des données
restantes : de cette manière, on trouvera 0,2522
pour la première série, et 0,2361 pour la seconde.

La balle de plomb pesant 700 grains, en prenant
pour la densité relative du fer et de la fonte les nombres 11,5525 et 7,250, on trouvera 447 grains pour
celle du fer fondu de même diamètre : d'où l'on
déduira 5,87 pour la valeur de C dans la for-

mule $E = \alpha A^c$, et par conséquent 0,25, pour la valeur de l'exposant. Ainsi la théorie se trouve confirmée par ces expériences. En se servant de cet exposant pour déduire les différentes vitesses initiales des longueurs d'âme, on aura

| Longueurs de l'âme. | Vitesses initiales. | Rapports des erreurs. |
|---|---|---|
| $1466 \frac{2}{3}$ | 943 | 0,005 |
| $1331 \frac{2}{3}$ | 922 | 0,015 |
| $1196 \frac{2}{3}$ | 900 | 0,011 |
| 1061 | 875 | 0,015 |
| $926 \frac{2}{3}$ | 848 | 0,028 |
| $791 \frac{2}{3}$ | 818 | 0,018 |
| $656 \frac{2}{3}$ | 784 | 0,015 |
| $521 \frac{2}{3}$ | 744 | 0,005 |
| $386 \frac{2}{3}$ | 694 | 0,063 |
| $251 \frac{2}{3}$ | 629 | 0,196 |
| $116 \frac{2}{3}$ | 527 | 0,469 |

Cette application donne un résultat plus approché que la formule

$$\frac{V^2}{2} = m f a \left( \log x - \log a \right) - f \left( x - a \right)$$

dont se sert d'Arcy, et où

      $m$ est une constante arbitraire qu'il détermine d'après ses expériences.

      $f$ le poids de l'atmosphère.

      $x$ la longueur du canon.

      $a$ la longueur de la charge.

Par cette formule, la moyenne des rapports des erreurs, sans y comprendre les trois derniers,

est 0,024, et par cette exponentielle que l'on a adoptée, cette même moyenne n'est que de 0,016,

$$\log B = 2,24627.$$

L'inexactitude que l'on a trouvée pour les trois
derniers résultats a fait appliquer à ces expériences
la formule dans laquelle on a soustrait la longueur
de la charge de celle de l'âme. L'exposant, dans ce
cas, étant 0,2134, et la longueur de la charge, suivant d'Arcy, étant de 54, on trouvera la valeur de
$\log B = 2,30148$

| Longueurs de l'âme. | Vitesses. | Rapports des erreurs. |
|---|---|---|
| $1466 \frac{2}{5}$ | 944 | 0,006 |
| $1331 \frac{2}{5}$ | 924 | 0,019 |
| $1916 \frac{2}{5}$ | 903 | 0,015 |
| 1061 | 879 | 0,010 |
| $926 \frac{2}{5}$ | 853 | 0,022 |
| $791 \frac{2}{5}$ | 824 | 0,011 |
| $656 \frac{2}{5}$ | 790 | 0,008 |
| $521 \frac{2}{5}$ | 755 | 0,009 |
| $586 \frac{2}{5}$ | 700 | 0,072 |
| $251 \frac{2}{5}$ | 650 | 0,198 |
| $116 \frac{2}{5}$ | 515 | 0,429 |

En exceptant les trois derniers résultats, on trouve 0,012 pour la moyenne du rapport des erreurs.

Quoique dans la seconde série le calibre du fusil soit un peu moindre, et que l'on eût dû appliquer un exposant un peu plus fort que celui 0,2134, comme l'on ignore le calibre exact, on est forcé de s'en servir, et l'on trouve log $B = 2,32372$, et les résultats qui auraient été plus exacts, avec un exposant tant soit peu plus fort :

| Longueurs d'âme. | Vitesses. | Rapports des erreurs. |
|---|---|---|
| 2400 | 1107. | 0,022 |
| 2140 | 1074. | 0,015 |
| $1873 \frac{1}{3}$ | 1048. | 0,006 |
| $1606 \frac{1}{3}$ | 1014. | 0,009 |
| 1340 | 974. | 0,017 |
| $1073 \frac{1}{3}$ | 928. | 0,003 |
| $806 \frac{2}{3}$ | 871. | 0,015 |
| 540 | 796. | 0,003 |
| $273 \frac{2}{3}$ | 678. | 0,126. |

La moyenne des rapports des erreurs, non compris le dernier, est 0,011.

### *Lois des vitesses* maximum.

Toutes les fois que l'on augmente la charge, on accroît ordinairement la vitesse initiale du projectile. Mais si l'on fait attention qu'en augmentant la charge de poudre on diminue la longueur de l'âme qui se trouve en avant du projectile, on sentira bientôt que, passé une certaine limite, l'augmentation de la charge doit occasioner une diminution dans la vitesse initiale. Ce *maximum* de vitesse initiale est assez important pour que l'on tâche d'en connaître la loi, par rapport aux différentes longueurs de l'âme. Les vitesses *maximum*, déduites des expériences de Hutton, donnent la valeur de $N = 0,4667$ ou $0,47$, de cette dernière on tire $\log B = 2,47508$, et

| CANONS. | DONNÉES de l'expérience | DONNÉES du calcul. | RAPPORTS des erreurs. |
|---|---|---|---|
| Nº 1. | 1456 | 1455 | 0,0007 |
| Nº 2. | 1657 | 1655 | 0,0012 |
| Nº 3. | 1998 | 2005 | 0,0025 |

Erreur moyenne, 0,0015.

*Charge du* maximum *d'effet.*

D'après Hutton, la charge du *maximum* d'effet est,

pour la pièce nº 1, à peu près de 12 onces

nº 2. . . . . . . . . . 14

nº 4. . . . . . . . . . 16 :

d'où

$$N = 0,5124 \text{ et } 0,5262.$$

D'Arcy rapporte ainsi les expériences qu'il a faites pour déterminer la charge qui donne au boulet la plus grande vitesse :

« Mes canons crevant avec des charges fortes, pour reconnaître la charge du *maximum* d'effet, je fus obligé d'en employer deux autres beaucoup plus courts : l'un de 5 pouces 6 lignes, l'autre de 5 pouces 2 lignes et demie, et tous les deux de 5 lignes et demie de calibre. Craignant que des canons si courts ne communiquassent une trop petite vitesse à la palette, j'en fis faire une beaucoup plus légère et plus courte; ses pivots étaient formés en couteaux. Comme ces canons étaient fort courts, je tirai de plus près, leur bouche n'étant distante de la palette que de 4 pieds 11,5 pouces. »

Canon court, chaque résultat étant la moyenne de 6 coups.

| Charges. | Reculs. |
|---|---|
| 50 grains. | $29 \frac{7}{36}$ lignes. |
| 67. | $31 \frac{19}{48}$ |
| 122. | $34 \frac{1}{2}$ |
| 135. | $31 \frac{1}{3}$ |
| 162. | $29 \frac{7}{8}$ |

Canon long, chaque résultat moyenne de deux coups.

| Charges. | Reculs. |
|---|---|
| 76 grains. | $46 \frac{1}{4}$ lignes. |
| 102. | 54,5 |
| 153. | 102 |
| 204. | 57,9 |
| 252. | $58 \frac{10}{48}$ |

La charge de 122 grains occupait dans le canon une longueur de 22,5 lignes, et la charge de 153 grains occupait 25 lignes ⅓.

L'un des canons avait 7,636 calibres, et l'autre 11,27. De ces expériences on déduira la valeur de N = 0,3595.

La moyenne de ces trois valeurs est 0,3993 ou environ 0,40, qui, appliquée aux résultats de Hutton, log B = 0,50450, et les valeurs

|          |                          |
|----------|--------------------------|
| Canons.  | Charges maximum.         |
| nᵒ 1 . . . . . . . . . . . . . . | 12,15 |
| nᵒ 2 . . . . . . . . . . . . . . | 13,70 |
| nᵒ 3 . . . . . . . . . . . . . . | 16,14. |

Le rapport moyen des erreurs, comparées aux données, ne sera que de 0,0143.

———

*De l'accord des formules précédentes entre elles.*

Dans la formule qui donne les différentes vitesses initiales correspondantes à différentes longueurs de l'âme, on a essayé vainement de trouver celle que suivent les différentes valeurs de B, selon les différentes charges; mais on y supplée en tirant de la loi relative aux charges du *maximum* d'effet la valeur

$$\log L = 2,5 \,(\log C - 0,50450).$$

Et connaissant la longueur de l'âme où une charge désignée devient celle du *maximum* d'effet, on calculera la vitesse du *maximum* d'effet correspondante à cette longueur de l'âme, et de là on déduira, pour la même charge, la vitesse initiale correspondante à une longueur quelconque de l'âme d'une pièce.

En regardant comme charges du *maximum* d'effet celle de

| 4 on a la longueur d'âme | 1,754 |
| 6. | 4,852 |
| 8. | 9,919 |
| 10. | 17,33 |
| 12. | 27,33 |
| 14. | 40,19 |
| 16. | 56,11. |

La charge de 4 onces, ayant une longueur de 5 pouces 12 centièmes, ne peut être contenue dans la longueur de l'âme donnée par la formule précédente. Cela provient peut-être de ce que la forme que l'on a donnée à la loi n'est pas celle qui existe réellement dans la nature.

De ces longueurs d'âme, on conclura, pour la charge de. . 4, la vitesse *maximum* 486

| 6. | 722 |
| 8. | 956 |
| 10. | 1188 |
| 12. | 1452 |
| 14. | 1649 |
| 16. | 1878 ; |

d'où, par la formule qui donne les vitesses initiales par rapport aux longueurs d'âme diminuées des longueurs de la charge, on déduira, pour la

charge de 6 onces, log B. . . . 2,89109
    8 . . . . . . . . . . . 2,82758
    10 . . . . . . . . . . . 2,81174
    12 . . . . . . . . . . . 2,80909
    14 . . . . . . . . . . . 2,78240
    16 . . . . . . . . . . . 2,75685.

Résultats assez exacts, excepté celui correspondant à 6 onces. Dans le tableau suivant, on s'est servi de ces dernières valeurs de logarithme B.

| CHARGES. | CANONS | | | |
|---|---|---|---|---|
| | N° 1. | N° 2. | N° 3. | N° 4. |
| onces. | pieds. | pieds. | pieds. | pieds. |
| 8 | 1452 | 1565 | 1752 | 1913 |
| 10 | 1430 | 1596 | » | » |
| 12 | 1468 | 1659 | » | » |
| 14 | 1430 | 1640 | » | » |
| 16 | 1594 | 1604 | 1894 | 2142 |

Rapports des erreurs.

| CHARGES. | CANONS | | | |
|---|---|---|---|---|
| | N° 1. | N° 2. | N° 3. | N° 4. |
| onces. | | | | |
| 8 | 0,001 | 0,008 | 0,019 | 0,012 |
| 10 | 0,002 | 0,007 | » | » |
| 12 | 0,022 | 0,013 | 2 | » |
| 14 | 0,010 | 0,010 | » | » |
| 16 | 0,012 | 0,031 | 0,052 | 0,017 |

Moyenne, 0, 015, ou $\frac{1}{67}$.

Cette manière d'obtenir les valeurs de log B ne réussit ou ne donne des résultats satisfaisans que pour des charges plus considérables environ que la moitié du poids du boulet. Pour avoir les vitesses initiales au-dessous de la moitié du poids du boulet, Hutton se sert de la règle que les vitesses initiales sont comme les racines carrées des charges; mais pour déduire, des charges, les valeurs de B, on a trouvé une approximation quatre fois plus grande, en employant la formule

$$B = M \frac{C}{D + 2L},$$

où

D désigne le diamètre de l'âme,
L la longueur de la charge,
C le poids de la charge en onces,

log M une constante égale à 3,05967, et déterminée par les expériences.

Cette formule donne,

pour 2 onces, logarithme B 2,60330
    4 .................... 2,74475
    6 .................... 2,80440
    8 .................... 2,85760.

Le rapport des erreurs moyennes des valeurs de B, exprimées en nombre, sera 0,0091. Ainsi, on pourra employer cette formule pour obtenir les valeurs de B, correspondantes aux charges au-dessous de la moitié du poids du boulet. Mais si l'on appliquait cette règle aux vitesses elles-mêmes, l'approximation serait bien loin d'être aussi grande.

Les valeurs de B précédentes donnent

| CHARGES. | CANONS | | | |
|---|---|---|---|---|
| | N° 1. | N° 2. | N° 3. | N° 4. |
| 2 | 775 | 826 | 904 | 962 |
| 4 | 1108 | 1190 | 1308 | 1409 |
| 6 | 1314 | 1422 | 1584 | » |
| 8 | 1466 | 1601 | 1794 | 1959 |

et les rapports des erreurs

| CHARGES. | CANONS | | | | MOYENNES. |
|---|---|---|---|---|---|
| | N° 1. | N° 2. | N° 3. | N° 4. | |
| 2 | 0,0013 | 0,0012 | 0,0089 | 0,0062 | 0,0044 |
| 4 | 0,0054 | 0,0009 | 0,0297 | 0,0262 | 0,0155 |
| 6 | 0,0198 | 0,0152 | 0,0056 | » | 0,0135 |
| 8 | 0,0245 | 0,0315 | 0,0039 | 0,0118 | 0,0179 |
| Moyennes. | 0,0128 | 0,0122 | 0,0120 | 0,0147 | 0,0128 |

C'est, à peu de chose près, la même approximation que celle que l'on a obtenue en recherchant
l'accord des lois relatives aux longueurs de l'âme et
aux vitesses et charges du *maximum* d'effet.

———

## *Des erreurs qui affectent probablement chaque résultat de Hutton.*

Pour construire le tableau suivant, on a divisé 0,0306, erreur moyenne probable d'un seul coup, par le nombre des coups qui ont concouru à former la moyenne présentée par Hutton.

| CHARGES. | CANONS | | | |
|---|---|---|---|---|
| | N° 1. | N° 2. | N° 3. | N° 4. |
| 2 | 0,0026 | 0,0044 | 0,0044 | 0,0102 |
| 4 | 0,0017 | 0,0031 | 0,0016 | 0,0103 |
| 6 | 0,0031 | 0,0306 | 0,0038 | » |
| 8 | 0,0006 | 0,0018 | 0,0028 | 0,0102 |
| 10 | 0,0034 | 0,0061 | » | » |
| 12 | 0,0026 | 0,0077 | » | » |
| 14 | 0,0031 | 0,0153 | » | » |
| 16 | 0,0038 | 0,0026 | 0,0031 | 0,0034 |

# CHAPITRE IV.

*Reculs, ou Vitesses initiales des pièces.*

On aurait voulu trouver un autre mot que celui recul pour désigner plus exactement l'objet des recherches consignées dans ce chapitre : car il désigne particulièrement l'espace parcouru par la pièce, et non la vitesse dont cette pièce est animée, et c'est de cette dernière seulement que l'on va parler. Manquant de mots, on a été forcé de conserver le premier ; mais on devra le prendre comme signifiant *vitesses initiales des pièces.*

---

*De l'erreur moyenne des reculs sans boulet.*

Les cordes de recul étant proportionnelles aux vitesses initiales des pièces, on s'est contenté de prendre l'erreur moyenne des cordes, dans les cas où les pièces pesaient 917 livres, où les cordes de recul étaient exprimées en pouces, et où la circonférence à laquelle elles appartenaient avait un rayon de 110 pouces.

Dans le tableau suivant, les quatre premières colonnes horizontales contiennent le nombre de coups qui ont donné les moyennes suivantes ; l'avant-dernière, intitulée *somme*, contient le nombre de coups par chaque charge, et la dernière la moyenne des rapports des erreurs.

———

*Erreurs moyennes des reculs sans boulet.*

| CANONS. | DEUX ONCES. | QUATRE ONCES. | HUIT ONCES. | SEIZE ONCES. | RAPPORTS MOYENS. |
|---|---|---|---|---|---|
| N° 1. | 12 | 9 | 11 | 10 | 0,0347 |
| N° 2. | 8 | 5 | 5 | 7 | 0,0355 |
| N° 3. | 15 | 5 | 9 | 10 | 0,0290 |
| N° 4. | 8 | 8 | 6 | 4 | 0,0174 |
| Sommes. . . . . | 43 | 27 | 51 | 33 | » |
| Moy. de rapp. | 0,0281 | 0,0322 | 0,0272 | 0,0315 | 0,0296 |

On voit, par ce tableau, que le rapport de l'erreur moyenne des cordes de recul est indépendant des charges, mais qu'il paraît diminuer à mesure que les longueurs de l'âme augmentent.

———

*De l'erreur moyenne des reculs avec boulet.*

On n'a eu égard, ni aux différens diamètres, ni aux différens poids des boulets, ce qui a pu augmenter l'erreur moyenne; mais c'est plus que compensé par d'autres causes, surtout par celle du petit nombre de résultats qui ont donné ces moyennes.

Constamment, les pièces pesaient 917 livres, les cordes étaient exprimées en pouces, et leurs rayons avaient 110 pouces.

Les erreurs moyennes pour les cordes de recul, tant dans le tir sans boulet que dans le tir avec boulet, n'ayant été prises que par rapport aux mêmes pièces, pesant toujours le même poids, il résulte que les vitesses initiales des pièces auront les mêmes erreurs moyennes que celles que l'on a obtenues pour les cordes de recul.

———

*Erreurs moyennes des reculs avec boulet.*

| CANONS. | DEUX ONCES. | QUATRE ONCES. | HUIT ONCES. | SEIZE ONCES. | MOYENNES. |
|---|---|---|---|---|---|
| Nº 1. | 6 | 7 | 18 | 11 | 0,0228 |
| Nº 2. | 7 | 6 | 11 | 12 | 0,0244 |
| Nº 3. | 7 | 7 | 5 | 12 | 0,0312 |
| Sommes...... | 20 | 20 | 34 | 35 | » |
| Moyennes ... | 0,0223 | 0,0210 | 0,0214 | 0,0344 | 0,0257 |

Les moyennes ont été prises en multipliant chaque rapport particulier par le nombre des résultats qui l'avait fourni. On voit que le rapport de l'erreur moyenne à la moyenne générale n'est que 0,0257.

Ce tableau, rapproché de celui analogue pour les reculs sans boulet, fait voir que les différentes longueurs de l'âme doivent peu influer sur l'erreur moyenne.

----

### *Résultats des expériences de Hutton.*

Faute d'avoir répété les expériences un assez grand nombre de fois pour que les moyennes fussent prises sur un égal nombre de résultats, Hutton avoue que les reculs moyens n'ont pas toute l'exactitude dont ils seraient susceptibles; mais, dans les tableaux suivans, on n'a pas eu égard aux corrections qu'il se permet de faire. Le premier tableau renferme les reculs sans boulet, et le suivant ceux avec boulet. Ces reculs sont exprimés en parties du rayon représenté par 1000, et réduits au même poids du boulet de 16 onces 13 drachmes, et au même poids du canon de 917 livres.

*Cordes de recul, sans boulet.*

| CHARGES. | CANONS | | | |
|---|---|---|---|---|
| | N° 1. | N° 2. | N° 3. | N° 4. |
| 2 | 22 | 23 | 23 | 25 |
| 4 | 54 | 54 | 57,5 | 58 |
| 6 | 85 | » | 93 | » |
| 8 | 117 | 122 | 125 | 129 |
| 12 | 171 | » | » | » |
| 16 | 219 | 238 | 252 | 265 |

*Cordes de recul, avec boulet.*

| CHARGES. | CANONS | | | |
|---|---|---|---|---|
| | N° 1. | N° 2. | N° 3. | N° 4. |
| 2 | 90 | 94 | 99 | 101 |
| 4 | 146 | 154 | 164 | 163 |
| 6 | 197 | 207 | 217 | » |
| 8 | 236 | 246 | 259 | 266 |
| 10 | 258 | 275 | » | » |
| 12 | 283 | 500 | » | » |
| 14 | 301 | 314 | » | » |
| 16 | 350 | 358 | 390 | 407 |

Dans le tableau suivant,

$i$ désigne la distance de l'axe de la pièce à l'axe de
rotation ;

G.................. du centre de gravité à l'axe
de rotation ;

$n$........ le nombre d'oscillations par minute.

| CANONS. | $i$ | G | $n$ |
|---|---|---|---|
|  |  |  | 40,1 |
|  | pouces. | pouces. |  |
| N° 1. | 89,06 | 80,47 | 40,1 |
| N° 2. | 89,06 | 88,47 | 40,0 |
| N° 3. | 89,19 | 80,50 | 59,9 |
| N° 4. | 89,28 | 80,44 | 59,8 |

Les centres de gravité et les centres d'impulsion
n'étant pas les mêmes pour les quatre pièces, et
ayant principalement besoin des vitesses initiales
des pièces, on va calculer ces dernières.

Dans la formule

$$V = \frac{ci}{2k} \sqrt{2hk},$$

ou celle

$$V = \frac{5,6727\, ci}{r\sqrt{k}},$$

substituant à la place de $\sqrt{k}$ sa valeur

$$\frac{108,5798}{n} \text{ pieds },$$

on trouve

$$V = 0,05236 \frac{ci}{r}.$$

c désigne ici la corde de l'arc décrit par la pièce, et non la différence de la corde obtenue par le recul sans boulet à celle obtenue par le recul avec boulet.

On observera que la position du centre de gravité n'est pas comprise dans la formule; mais qu'elle y entre implicitement par le moyen de la valeur de $n$, exprimant le nombre d'oscillations, et que, de plus, la valeur de $i$ doit être exprimée en pieds, et non pas en pouces.

## Vitesses initiales des pièces.

| CHARGES. | CANONS | | | |
|---|---|---|---|---|
| | N° 1. | N° 2. | N° 3. | N° 4. |
| **TIR SANS BOULET.** | | | | |
| 2 | 0,5428 | 0,3575 | 0,3571 | 0,3876 |
| 4 | 0,8415 | 0,8394 | 0,8929 | 0,8993 |
| 6 | 1,325 | » | 1,444 | » |
| 8 | 1,825 | 1,896 | 1,941 | 2,000 |
| 12 | 2,665 | » | » | » |
| 16 | 3,413 | 3,684 | 3,913 | 4,109 |
| **TIR AVEC BOULET.** | | | | |
| 2 | 1,402 | 1,461 | 1,537 | 1,566 |
| 4 | 2,275 | 2,394 | 2,547 | 2,527 |
| 6 | 3,070 | 3,218 | 3,370 | » |
| 8 | 3,677 | 3,824 | 4,022 | 4,124 |
| 10 | 4,020 | 4,275 | » | » |
| 12 | 4,410 | 4,663 | » | » |
| 14 | 4,690 | 5,036 | » | » |
| 16 | 5,142 | 5,565 | 6,056 | 6,310 |

*Des reculs, ou vitesses initiales des pièces, par rapport aux différentes longueurs de l'âme.*

Par analogie avec les vitesses initiales des projectiles, il est assez probable que les vitesses initiales des pièces sont, comme les longueurs de l'âme, élevées à une certaine puissance. Au moyen de cette hypothèse, on trouve, pour les vitesses initales des pièces tirées sans boulet,

et la charge de   2 onces, l'exposant.  0,1040
                  4. . . . . . . . . . 0,0739
                  6. . . . . . . . . . 0,1217
                  8. . . . . . . . . . 0,0856
                 16. . . . . . . . . . 0,1812;

et pour les vitesses initiales des pièces tirées avec boulet,

et la charge de    2 onces, l'exposant.  0,1126
                  4. . . . . . . . . . 0,1115
                  6. . . . . . . . . . 0,1361
                  8. . . . . . . . . . 0,1175
                 10. . . . . . . . . . 0,2038
                 12. . . . . . . . . . 0,1856
                 14. . . . . . . . . . 0,2365
                 16. . . . . . . . . . 0,2023.

La première suite d'exposans, par les valeurs de $\log A = 0,01708$ et $\log \alpha = -2,90884$ se transforme en celle-ci :

                  2. . . . . . . . . . 0,0877
                  4. . . . . . . . . . 0,0949
                  6. . . . . . . . . . 0,1026
                  8. . . . . . . . . . 0,1110
                 16. . . . . . . . . . 0,1521;

et , par les valeurs de logarithme A = 0,02282 , et
logarithme $\alpha$ = — 2,98979 ,
la seconde suite devient

$$
\begin{aligned}
2 &\ldots\ldots\ldots\ldots 0,1085 \\
4 &\ldots\ldots\ldots\ldots 0,1205 \\
6 &\ldots\ldots\ldots\ldots 0,1339 \\
8 &\ldots\ldots\ldots\ldots 0,1487 \\
10 &\ldots\ldots\ldots\ldots 0,1651 \\
12 &\ldots\ldots\ldots\ldots 0,1830 \\
14 &\ldots\ldots\ldots\ldots 0,2038 \\
16 &\ldots\ldots\ldots\ldots 0,2263 .
\end{aligned}
$$

L'application de ces exposans nous donnera les
vitesses initiales des pièces.

| CHARGES. | CANONS. | | | |
| --- | --- | --- | --- | --- |
| | N° 1. | N° 2. | N° 3. | N° 4. |
| VITESSES SANS BOULET. | | | | |
| 2 | 0,3450 | 0,3545 | 0,3672 | 0,3780 |
| 4 | 0,8265 | 0,8505 | 0,8842 | 0,9124 |
| 8 | 1,808 | 1,868 | 1,956 | 2,030 |
| 16 | 3,486 | 3,649 | 3,885 | 4,084 |
| VITESSES AVEC BOULET. | | | | |
| 2 | 1,409 | 1,456 | 1,522 | 1,578 |
| 4 | 2,514 | 2,399 | 2,520 | 2,623 |
| 6 | 3,075 | 3,201 | 3,581 | » |
| 8 | 3,621 | 3,786 | 4,024 | 4,227 |
| 16 | 5,120 | 5,481 | 6,013 | 6,581 |

*Rapports des erreurs des vitesses initiales
des pièces.*

| CHARGES. | CANONS | | | |
|---|---|---|---|---|
| | Nº 1. | Nº 2. | Nº 3. | Nº 4. |
| | VITESSES SANS BOULET. | | | |
| 2 | 0,006 | 0,009 | 0,028 | 0,025 |
| 4 | 0,018 | 0,015 | 0,010 | 0,014 |
| 8 | 0,008 | 0,015 | 0,008 | 0,015 |
| 16 | 0,021 | 0,009 | 0,008 | 0,006 |
| | VITESSES AVEC BOULET. | | | |
| 2 | 0,005 | 0,004 | 0,009 | 0,007 |
| 4 | 0,017 | 0,002 | 0,011 | 0,038 |
| 6 | 0,002 | 0,006 | 0,003 | » |
| 8 | 0,015 | 0,007 | 0,000 | 0,025 |
| 16 | 0,004 | 0,015 | 0,007 | 0,027 |

Avec les pièces tirées sans boulet,
l'erreur moyenne est 0,015 ;

et pour   2 onces, la valeur de log B est — 1,41066

4 . . . . . . . . . . . . . — 1,77965

8 . . . . . . . . . . . .   0,09624

16 . . . . . . . . . . . .   0 52169.

Pour le tir avec boulet,

l'erreur moyenne est 0,011 ;

et    2 onces ont donné log B = — 1,99149

4. . . . . . . . . . . .    0,18956

6. . . . . . . . . . .    0,29361

8. . . . . . . . . . .    0,34316

16. . . . . . . . . .    0,38108.

————

*Lois des vitesses initiales des pièces, relatives aux différentes charges de poudre.*

Hutton a reconnu que, quand les charges étaient en progression géométrique, les reculs formaient une suite qui différait peu d'une progression géométrique. On peut donc supposer que les vitesses initiales des pièces sont entre elles comme les charges élevées à une certaine puissance. Avec le tir sans boule, on trouvera la valeur de N... 1,128, et pour le tir avec boulet, celle 0,6494. Dans le premier cas, l'exposant 1,13 donnera pour

la pièce n° 1 la valeur de log B. . — 1,21371

n° 2. . . . . . . . . . . — 1,22996

n° 3. . . . . . . . . . . — 1,25256

n° 4. . . . . . . . . . . — 1,26384 ;

et dans le second, avec l'exposant 0,65, on aura, pour

la pièce n° 1, la valeur de log B. . — 1,95447

n° 2. . . . . . . . . . . — 1,97862

n° 3. . . . . . . . . . .    0,01027

n° 4. . . . . . . . . . .    0,01577.

De ces valeurs, on déduira les vitesses initiales des
pièces,

| CHARGES. | PIÈCES | | | |
|---|---|---|---|---|
| | N° 1. | N° 2. | N° 3. | N° 4. |
| | TIR SANS BOULET. | | | |
| 2 | 0,3580 | 0,03716 | 0,3915 | 0,4018 |
| 4 | 0,7835 | 0,8154 | 0,8568 | 0,8794 |
| 6 | 1,239 | » | 1,355 | » |
| 8 | 1,715 | 1,780 | 1,875 | 1,925 |
| 12 | 2,711 | » | » | » |
| 16 | 3,753 | 3,896 | 4,104 | 4,212 |
| | TIR AVEC BOULET. | | | |
| 2 | 1,381 | 1,459 | 1,607 | 1,627 |
| 4 | 2,217 | 2,344 | 2,521 | 2,553 |
| 6 | 2,886 | 3,051 | 3,281 | » |
| 8 | 3,424 | 3,619 | 3,893 | 3,943 |
| 10 | 4,022 | 4,252 | » | » |
| 12 | 4,528 | 4,787 | » | » |
| 14 | 5,006 | 5,292 | » | « |
| 16 | 5,459 | 5,772 | 6,222 | 6,287 |

et les rapports des erreurs ,

| CHARGES. | CANONS. | | | |
|---|---|---|---|---|
| | N° 1. | N° 2. | N° 3. | N° 4. |
| | TIR SANS BOULET. | | | |
| 2 | 0,044 | 0,039 | 0,097 | 0,037 |
| 4 | 0,069 | 0,051 | 0,040 | 0,022 |
| 6 | 0,086 | » | 0,062 | » |
| 8 | 0,059 | 0,056 | 0,034 | 0,036 |
| 12 | 0,017 | » | » | » |
| 16 | 0,099 | 0,059 | 0,049 | 0,025 |
| | TIR AVEC BOULET. | | | |
| 2 | 0,015 | 0,023 | 0,045 | 0,039 |
| 4 | 0,025 | 0,021 | 0,010 | 0,010 |
| 6 | 0,060 | 0,052 | 0,026 | » |
| 8 | 0,069 | 0,054 | 0,032 | 0,044 |
| 10 | 0,000 | 0,005 | » | » |
| 12 | 0,027 | 0,027 | » | » |
| 14 | 0,067 | 0,051 | » | » |
| 16 | 0,061 | 0,057 | 0,037 | 0,004 |

Pour les reculs sans boulet, l'erreur moyenne
est. . . . . . . . . . . . . . . 0,051 ;

Pour ceux avec boulet, . . . . . 0,034.

On a supposé que l'exposant des charges demeurait constant ; mais cette hypothèse n'est pas exacte,
et pour que l'on puisse juger du degré de confiance
qu'elle mérite, nous avons calculé les exposans
suivans, en supposant la réalité de la loi des différentes longueurs d'âme, et en calculant les autres
au moyen de celui obtenu pour la pièce de 13,93
calibres de longueur :

### Tir avec boulet.

| Longueurs. | Exposans. |
| --- | --- |
| 13,93. . . . . . . . . . . . . . | 0,6007 |
| 27,86. . . . . . . . . . . . . . | 0,6257 |
| 55,72. . . . . . . . . . . . . . | 0,6590 |

### Tir sans boulet.

| | |
| --- | --- |
| 13,93. . . . . . . . . . . . . . | 1,1005 |
| 27,86. . . . . . . . . . . . . . | 1,1218 |
| 55,72. . . . . . . . . . . . . . | 1,1300 |

Ces exposans diffèrent très-peu de ceux obtenus
directement.

------

*Des vitesses initiales des projectiles, calculées*
*par les reculs de canon.*

Si, comme le prétendent Robins et Tompson,
l'effet de la poudre enflammée pour faire reculer le
canon est le même, soit que l'on tire avec ou sans
boulet, en multipliant la différence des vitesses ini-

10*

tiales des pièces tirées avec et sans boulet, par le poids de la pièce divisé par celui du boulet, on doit retrouver la vitesse initiale de ce dernier.

Le poids de la pièce étant de. . . . 917 livres.

Celui du boulet de. . . . . . . . 1,044,

on trouvera les vitesses initiales.

| CHARGES. | CANONS | | | |
|---|---|---|---|---|
| | N° 1. | N° 2. | N° 3. | N° 4. |
| 2 | 924 | 965 | 1030 | 1028 |
| 4 | 1251 | 1357 | 1444 | 1421 |
| 6 | 1523 | » | 1681 | » |
| 8 | 1618 | 1683 | 1816 | 1854 |
| 12 | 1525 | » | » | » |
| 16 | 1509 | 1641 | 1870 | 1921 |

La différence de ces vitesses initiales à celles obtenues par le pendule a suggéré à Hutton le raisonnement suivant :

« Il paraît, par cette comparaison, qu'en général les vitesses déterminées des deux manières ne s'accordent point ensemble, et que, par conséquent, la méthode de déterminer la vitesse par le recul du canon n'est point générale, comme l'avaient imaginé Robins et Thompson. Il résulte de là, que l'effet de la poudre enflammée pour faire reculer le canon n'est pas le même lorsque l'on tire

avec <sup>ou</sup> sans boulet : la différence que l'on remarque paraît n'observer aucune loi, ni par rapport à la
même charge employée dans différentes pièces de
canon, ni par rapport au même canon avec différentes charges. Avec de petites charges, la vitesse
calculée par le recul du canon se trouve plus grande
que celle donnée par le pendule ; mais cette dernière approche de plus en plus de l'égalité, à laquelle
elle arrive bientôt ; elle l'emporte ensuite de plus
en plus, à mesure que la charge augmente. La
charge avec laquelle les deux vitesses sont égales
est différente dans les différentes pièces de canon ;
et plus la pièce est longue, plus les deux vitesses
parviennent promptement à l'égalité. »

---

*Erreurs à craindre pour chaque moyenne des
reculs.*

Les deux tableaux suivans ont été construits pour
donner une idée des erreurs occasionées dans les
applications précédentes par les erreurs dont les
données sont probablement affectées.

NOMBRE DES COUPS TIRÉS.

| CHARGES. | CANONS | | | |
| --- | --- | --- | --- | --- |
| | Nº 1. | Nº 2. | Nº 3. | Nº 4. |
| | TIR SANS BOULET. | | | |
| 2 | 16 | 10 | 15 | 9 |
| 4 | 9 | 6 | 11 | 8 |
| 6 | 2 | » | 5 | » |
| 8 | 11 | 6 | 9 | 6 |
| 12 | 7 | » | » | » |
| 16 | 14 | 9 | 10 | 7 |
| | TIR AVEC BOULET. | | | |
| 2 | 8 | 8 | 7 | 3 |
| 4 | 7 | 7 | 8 | 5 |
| 6 | 8 | 2 | 6 | » |
| 8 | 25 | 12 | 5 | 5 |
| 10 | 6 | 4 | » | » |
| 12 | 12 | 4 | » | » |
| 14 | 10 | 4 | » | » |
| 16 | 17 | 31 | 12 | 5 |

*Rapports des erreurs qui affectent probablement
chaque donnée de l'expérience.*

| CHARGES. | CANONS | | | |
|---|---|---|---|---|
| | N° 1. | N° 2. | N° 3. | N° 4. |
| | TIR SANS BOULET. | | | |
| 2 | 0,0019 | 0,0030 | 0,0020 | 0,0033 |
| 4 | 0,0033 | 0,0049 | 0,0027 | 0,0037 |
| 6 | 0,0148 | » | 0,0099 | » |
| 8 | 0,0027 | 0,0049 | 0,0033 | 0,0049 |
| 12 | 0,0042 | » | » | » |
| 16 | 0,0021 | 0,0033 | 0,0030 | 0,0042 |
| | TIR AVEC BOULET. | | | |
| 2 | 0,0037 | 0,0037 | 0,0042 | 0,0099 |
| 4 | 0,0041 | 0,0042 | 0,0037 | 0,0099 |
| 6 | 0,0037 | 0,0148 | 0,0049 | » |
| 8 | 0,0013 | 0,0025 | 0,0059 | 0,0099 |
| 10 | 0,0049 | 0,0074 | » | » |
| 12 | 0,0025 | 0,0074 | » | » |
| 14 | 0,0030 | 0,0074 | » | » |
| 16 | 0,0017 | 0,0010 | 0,0025 | 0,0099 |

## *Influence du poids des pièces sur les reculs.*

Dans les tableaux suivans, on a réduit toutes les cordes de recul à celles que l'on aurait obtenues avec des boulets pesant 16 onces 13 drachmes, et ayant un diamètre de 1,96 pouces, en se servant, pour cela, de la règle que les reculs augmentent comme les diamètres des boulets élevés à la puissance 1,9. Quoique cette règle ne soit pas des plus exactes, pourtant elle ne peut avoir que très-peu d'influence sur les résultats, à cause que la différence des diamètres des différens boulets était bien peu de chose.

### PIÈCE N° 1.

## *Moyennes des reculs sans boulet.*

| POIDS de LA PIÈCE. | DEUX ONCES. | QUATRE ONCES. | SIX ONCES. | HUIT ONCES. |
|---|---|---|---|---|
| 1071 | » | 48 | » | » |
| 917 | 22,1 | 51 | 85 | 168 |
| 817 | » | 63 | » | 144 |
| 495 | » | 116 | 192 | » |
| 478 | 56 | 122 | » | 252 |
| 384 | » | 165 | » | » |

## PIÈCE N° 1.

*Moyenne des reculs avec boulet.*

| POIDS de LA PIÈCE. | DEUX ONCES. | QUATRE ONCES. | SIX ONCES. | HUIT ONCES. |
|---|---|---|---|---|
| 1071 | » | » | » | 209 |
| 917 | 95 | 147 | 193 | 233 |
| 817 | » | » | » | 275 |
| 650 | » | » | 285 | » |
| 495 | 192 | 521 | 431 | 515 |
| 478 | » | » | 426 | » |
| 384 | 275 | 455 | 606 | 743 |

## PIÈCE N° 5.

*Moyennes des reculs avec boulet.*

| POIDS de LA PIÈCE. | DEUX ONCES. | QUATRE ONCES. | SIX ONCES. | HUIT ONCES. |
|---|---|---|---|---|
| 1170 | » | » | 171 | » |
| 954 | » | 163 | » | 259 |
| 917 | 101 | 167 | 218 | 261 |
| 655 | » | » | 316 | » |
| 500 | » | » | 549 | » |
| 485 | » | » | 460 | » |

Les différens poids de la même pièce ayant été obtenus au moyen de différentes armures de plomb ajoutées à la pièce, le centre de gravité a dû varier, et ce dernier occasioner un changement dans le nombre d'oscillations faites par la pièce. Ainsi, les cordes n'étant plus proportionnelles aux vitesses initiales de la pièce, il est nécessaire de calculer ces dernières.

Hutton ayant négligé de faire les observations pour trouver le nombre d'oscillations faites dans une minute par chaque poids de la pièce, il les faut déduire au moyen du calcul. Pour cela, on a la formule :

$$n' = 575 \sqrt{\dfrac{Gg - bi}{Gg - \dfrac{140850}{n^2} - bii}},$$

où

$n'$ désigne le nombre d'oscillations faites par le nouveau poids de la pièce,

$n$ . . . . . *id.* par l'ancien poids de la pièce,

$G$ . . . . . l'ancien poids de la pièce,

$b$ . . . . . la différence du nouveau poids à l'ancien,

$g$ . . . . . le centre de gravité de la pièce $G$,

$i$ . . . . . *id.* de la différence du poids $b$.

Cette formule donnera, pour les poids de la pièce,

| 917 | 817 | 495 | 478 | 384; |

les valeurs de $n$,

| 40,22 | 40,16 | 40,74 | 40,98 | 41,18. |

La valeur de $n$, de la pièce de 495 livres, et celle de la pièce de 917, ont été déduites en supposant que la pièce pesant 934, et ayant son centre de gravité à 79,79 pouces au-dessous de l'axe de rotation, avait pour $n$ la valeur 40,20. Hutton, en employant la même formule, avait trouvé, pour la pièce pesant 495 livres, la valeur $n = 40,5$. Au lieu de $g = 79,79$, il avait pris 79,80. Toutes les autres données étant les mêmes, on doit attribuer cette différence à quelque erreur dans son calcul.

De la valeur de $n$ pour la pièce de 495 livres, on a déduit celle de la pièce de 384 livres; et, de cette dernière, celle de la pièce pesant 817 livres. Celle de la pièce pesant 478 livres a été trouvée au moyen de celle de la pièce pesant 917 livres.

On n'a opéré de cette manière que pour simplifier les calculs.

Dans les calculs précédens, on a pris pour $i$ la valeur 90,3, et pour $g = 89,06$, quand il s'agissait de la pièce pesant 917 ou 478, et $g = 89,15$, quand on considérait les autres pièces.

Mais dans la formule

$$V = 0,05236 \, \frac{cin}{r},$$

qui donne les vitesses initiales des pièces au moyen des cordes de recul $c$, $i$ désignant la distance de l'axe de la pièce à l'axe de rotation a la même valeur que celle de la lettre $g$ précédente, c'est-à-dire que l'on doit prendre pour $i$ la valeur 89,06 pour les pièces pesant 917 et 478 livres, et celle 89,15 pour les autres pièces ; de plus , ces deux dernières quantités doivent être converties en pieds.

———

*Vitesses initiales de la pièce n° 1.*

| POIDS de LA PIÈCE. | DEUX ONCES. | QUATRE ONCES. | SIX ONCES. | HUIT ONCES. |
|---|---|---|---|---|
| VITESSES SANS BOULET. | | | | |
| 917 | 0,345 | 0,797 | 1,529 | 1,688 |
| 817 | » | 0,982 | » | 2,250 |
| 495 | » | 1,858 | 5,043 | » |
| 478 | 0,892 | 1,943 | » | 4,013 |
| 584 | » | 2,643 | » | » |
| TIR AVEC BOULET. | | | | |
| 917 | 1,485 | 2,298 | 3,016 | 3,641 |
| 817 | » | » | » | 4,286 |
| 495 | 3,043 | 5,087 | 6,830 | 8,162 |
| 478 | » | » | 6,784 | » |
| 584 | 4,375 | 7,257 | 9,707 | 11,901 |

En comparant ces vitesses initiales au poids de la pièce, dans le tir sans boulet, on déduira,
pour 2 onces, la valeur de N  1,456
4. . . . . . . . . . . . . . . . 1,357
6. . . . . . . . . . . . . . . . 1,544
8. . . . . . . . . . . . . . . . 1,529;

et, dans le tir avec boulet, on trouvera,
pour 2 onces, la valeur de N 1,241
4. . . . . . . . . . . . . . 1,321
6. . . . . . . . . . . . . 1,343
8. . . . . . . . . . . . . 1,348.

Le résultat que l'on trouve est assez singulier. Non-seulement les valeurs de N sont différentes pour les deux espèces de tir; mais encore, tandis que ces valeurs croissent en même temps que les charges pour les reculs avec boulet, c'est tout le contraire pour les reculs sans boulet. La régularité de la marche de ces valeurs ne laisse aucun doute sur l'existence de cette singularité.

En supposant que ces exposans croissent en progression géométrique, tandis que les charges croissent en progression arithmétique, on trouvera, pour les reculs avec boulet, la valeur de $\log A =$ 0,00576, et pour les reculs sans boulet, celle 0,00613. Dans le premier cas, la valeur de $\log \alpha$ sera 0,08906. Pour obtenir cette dernière valeur dans le cas du tir sans boulet, il ne faudra pas retrancher de chaque valeur de N, exprimée en logarithmes, celle $0,00613 \times C$; mais, au contraire, l'ajouter, ce qui donnera $\log \alpha = 0,16759$.

On aura, pour le tir sans boulet,
et la charge de 2 onces, l'exposant 1,431
4. . . . . . . . . . . . 1,390
6. . . . . . . . . . . 1,352
8. . . . . . . . . . . 1,314;

et pour le tir avec boulet,

et la charge de 2 onces, l'exposant 1,251

4 . . . . . . . . . . . 1,296

6 . . . . . . . . . . . 1,329

8 . . . . . . . . . . . 1,365.

En appliquant ces exposans aux vitesses initiales des pièces tirées sans boulet, on trouvera :

| POIDS de LA PIÈCE. | DEUX ONCES. | QUATRE ONCES. | SIX ONCES. | HUIT ONCES. |
|---|---|---|---|---|
| 917 | 0,348 | 0,802 | 1,311 | 1,775 |
| 817 | » | 0,929 | » | 2,066 |
| 495 | » | 1,907 | 3,684 | » |
| 478 | 0,885 | 1,912 | » | 4,179 |
| 584 | » | 2,653 | » | » |

et les rapports des erreurs

| POIDS de LA PIÈCE. | DEUX ONCES. | QUATRE ONCES. | SIX ONCES. | HUIT ONCES. | Moyennes. |
|---|---|---|---|---|---|
| 917 | 0,009 | 0,006 | 0,014 | 0,052 | 0,020 |
| 817 | » | 0,054 | » | 0,082 | 0,068 |
| 495 | » | 0,057 | 0,014 | » | 0,025 |
| 478 | 0,009 | 0,016 | » | 0,041 | 0,022 |
| 584 | » | 0,004 | » | » | 0,004 |
| Moyennes. | 0,009 | 0,025 | 0,014 | 0,058 | 0,028 |

L'application des exposans ci-dessus aux vitesses initales obtenues dans le tir avec boulet donnera

| POIDS de LA PIÈCE. | DEUX ONCES. | QUATRE ONCES. | SIX ONCES. | HUIT ONCES. |
|---|---|---|---|---|
| 917 | 1,268 | 2,287 | 2,965 | 3,427 |
| 817 | » | » | » | 5,043 |
| 465 | 2,759 | 4,791 | 6,731 | 7,940 |
| 478 | » | » | 7,051 | » |
| 384 | 6,024 | 6,663 | 9,488 | 1,123 |

et les rapports des erreurs

| POIDS de LA PIÈCE. | DEUX ONCES. | QUATRE ONCES. | SIX ONCES. | HUIT ONCES. | MOYENNES. |
|---|---|---|---|---|---|
| 917 | 0,146 | 0,008 | 0,002 | 0,059 | 0,054 |
| 817 | » | » | » | 0,176 | 0,176 |
| 495 | 0,093 | 0,056 | 0,014 | 0,015 | 0,045 |
| 478 | » | » | 0,059 | » | 0,059 |
| 384 | 0,379 | 0,081 | 0,023 | 0,056 | 0,155 |
| Moyennes. | 0,155 | 0,036 | 0,019 | 0,086 | 0,079 |

Cette erreur moyenne est trop considérable, et

fait voir que la loi trouvée pour les exposans s'éloigne trop de celle de la nature.

Dans les calculs que nous allons faire, nous omettrons, dans le tir avec boulet, le résultat de la pièce pesant 817 livres, puisqu'il est évidemment beaucoup trop petit.

Dans la supposition où les charges et les exposans croissent en progressions géométriques, nous trouverons, pour le tir sans boulet, la valeur de $N'$ —0,05234, et celle de log $B'$ 0,17700; pour le tir avec boulet, ces mêmes quantités seront 0,05813 et 0,08066. Pour déterminer les valeurs de $B'$, nous n'avons employé, pour les exposans, que les valeurs 0,062 et 0,058.

D'où nous déduirons, pour les reculs sans boulet, et la charge de 2 onces, l'exposant 1,440

4 . . . . . . . . . . 1,379

6 . . . . . . . . . . 1,345

8 . . . . . . . . . . 1,321

16 . . . . . . . . . . 1,266 ;

et pour les reculs avec boulet,

et la charge de 2 onces, l'exposant 1,255

4 . . . . . . . . . . 1,303

6 . . . . . . . . . . 1,336

8 . . . . . . . . . . 1,358

16 . . . . . . . . . . 1,414.

L'erreur moyenne de ces exposans est 0,009, et celle des premiers était . . . . . . . . 0,015.

Ces exposans donnent les vitesses initiales :

| POIDS de LA PIÈCE. | DEUX ONCES. | QUATRE ONCES. | SIX ONCES. | HUIT ONCES. |
|---|---|---|---|---|
| TIR SANS BOULET. | | | | |
| 917 | 0,343 | 0,801 | 1,330 | 1,772 |
| 817 | » | 0,959 | » | 2,064 |
| 495 | » | 1,875 | 3,040 | » |
| 478 | 0,888 | 1,968 | » | 4,191 |
| 384 | » | 2,662 | » | » |
| TIR AVEC BOULET. | | | | |
| 917 | 1,453 | 2,301 | 2,967 | 3,608 |
| 817 | » | » | » | » |
| 495 | 5,146 | 5,145 | 6,745 | 8,335 |
| 478 | » | » | 7,174 | » |
| 384 | 4,325 | 7,166 | 9,470 | 11,77 |

et les rapports des erreurs

| POIDS de LA PIÈCE. | DEUX ONCES. | QUATRE ONCES. | SIX ONCES. | HUIT ONCES. | MOYENNES. |
|---|---|---|---|---|---|
| TIR SANS BOULET. | | | | | |
| 917 | 0,006 | 0,005 | 0,001 | 0,030 | 0,035 |
| 817 | » | 0,045 | » | 0,084 | 0,065 |
| 495 | » | 0,020 | 0,001 | » | 0,011 |
| 478 | 0,006 | 0,013 | » | 0,014 | 0,016 |
| 384 | » | 0,007 | » | » | 0,007 |
| Moyennes. | 0,006 | 0,018 | 0,001 | 0,059 | 0,021 |
| TIR AVEC BOULET. | | | | | |
| 917 | 0,022 | 0,001 | 0,016 | 0,009 | 0,012 |
| 495 | 0,054 | 0,011 | 0,011 | 0,021 | 0,019 |
| 478 | » | » | 0,058 | » | 0,058 |
| 384 | 0,011 | 0,015 | 0,024 | 0,011 | 0,015 |
| Moyennes. | 0,022 | 0,008 | 0,027 | 0,014 | 0,019 |

Les rapports moyens des erreurs auraient été bien moindres que ceux que l'on a trouvés, si l'on avait négligé, pour le tir sans boulet, les résultats de la pièce pesant 817, et pour le tir avec boulet, celui de la pièce pesant 478.

En faisant ces omissions, nous trouverons, pour les reculs sans boulet, le rapport moyen des erreurs 0,004, et pour les reculs avec boulet, celui 0,015. Comme les résultats précédens ne peuvent être considérés que comme les moyennes de cinq coups, les erreurs probables des données devraient avoir occasioné une erreur moyenne d'environ 0,008 pour le premier cas, et d'environ 0,007 pour le second cas.

Pour les reculs sans boulet, la formule sera

$$R = B P - {}^{B'} C - {}^{N'},$$

où

$$\log B' = 0,1770$$

$$N' = 0,062;$$

et pour les reculs avec boulet, elle sera

$$R = B P - {}^{B'} C {}^{N'},$$

où

$$\log B' = 0,08066$$

$$N' = 0,058.$$

Dans ces deux formules

$$R \text{ désigne le recul},$$
$$C \dots \dots \text{ la charge},$$
$$P \dots \dots \text{ le poids de la pièce ex-}$$
primé en livres anglaises.

Pour les reculs sans boulet, on a, avec
2 onces, la valeur de log B. . . 3,80643
4 . . . . . . . . . . . . . . . . . . . . 3,98574
6 . . . . . . . . . . . . . . . . . . . 4,10713
8 . . . . . . . . . . . . . . . . . . . 4,14182.

Pour les reculs avec boulet, on trouve, avec
2 onces, la valeur de log B. . . 3,87436
4 . . . . . . . . . . . . . . . . . . 4,22779
6 . . . . . . . . . . . . . . . . . . 4,43681
8 . . . . . . . . . . . . . . . . . . 4,58013.

———

### Comparaison des reculs avec boulet et de ceux sans boulet.

En divisant les vitesses initiales des pièces tirées sans boulet, par celles tirées avec boulet, on trouvera les rapports exprimés en logarithmes.

| CANONS. | DEUX ONCES. | QUATRE ONCES. | HUIT ONCES. | SEIZE ONCES. |
|---|---|---|---|---|
| N° 1. | 0,62606 | 0,44710 | 0,52000 | 0,16479 |
| N° 2. | 0,60206 | 0,45672 | 0,29926 | 0,15959 |
| N° 3. | 0,63927 | 0,45385 | 0,51806 | 0,17947 |
| N° 4. | 0,61090 | 0,45252 | 0,51429 | 0,19085 |
| Moyennes. . | 0,62160 | 0,45256 | 0,51297 | 0,16378 |

Les longueurs de l'âme ne paraissent pas sur ces rapports.

Si l'on suppose que quand les charges croissent en progression géométrique, ces rapports diminuent aussi en progression géométrique, on trouvera la valeur de N = 0,4928, et celle de logarithme B = 0,76125 : d'où l'on tire les rapports

$$4,100 \qquad 2,916 \qquad 2,069 \qquad 1,476,$$

dont les erreurs sont

$$0,020 \qquad 0,028 \qquad 0,007 \qquad 0,014.$$

Moyenne.. . . . . , 0,017.

L'erreur n'est pas trop considérable, et est même plus petite que l'on ne devait l'espérer : ainsi l'on pourra, dans certains cas, se servir de la formule

$$R = R'BC^{0,4928};$$

où

C désigne les charges,
R . . . . . les reculs avec boulet,
R'. . . . . les reculs sans boulet,
log B = 0,76125.

---

*De la loi des reculs, par rapport aux différens poids des boulets.*

Le meilleur moyen de connaître les variations que les différens poids des boulets peuvent occa-

sioner dans les reculs des bouches à feu serait de
faire des expériences en employant des boulets de
même diamètre, mais dont on ferait varier la densité, soit par l'usage des cavités, soit par l'emploi
de différentes matières. A défaut de ces expériences,
on est forcé de se contenter de celles faites par le
comité des poudres, et dirigées par le colonel Au-
bert, dans le but de trouver le meilleur moyen de
comparer les poudres entre elles, et dans lesquelles
on a essayé l'effet que pourrait avoir sur le recul
un nombre de balles plus ou moins considérable.
On s'est servi du pendule de d'Arcy, et d'un fusil de munition ne différant de ceux en usage que
par une plus grande épaisseur du métal. Quoique
le tableau inséré dans le rapport ne contienne que
les résultats des expériences, mesurés par des arcs
de cercle réduits en minutes, on les présente ici au
moyen des cordes et en parties du rayon supposé
égal à 1000. La poudre employée était de la poudre de chasse ordinaire de Rippault, prise aux ma-
gasins des ventes. On mettait une bourre sur la
poudre et une bourre sur les balles. La première
colonne horizontale indique le nombre des balles, et la première colonne verticale la charge en
grammes.

*Reculs de l'expérience.*

| BALLES. | 1 | 2 | 3 | 4 | 5 | 6 |
|---|---|---|---|---|---|---|
| grammes | | | | | | |
| 2 | 65,4 | 87,6 | » | » | » | » |
| 3 | 89,8 | 123,6 | 145 | 165,4 | 178,6 | 202 |
| 4 | 111,6 | 154,8 | 180,2 | 206,4 | 223,8 | 233 |
| 5 | 133,2 | 186,8 | 220 | 242,4 | 272,8 | 313,8 |
| 6 | 154 | 209,6 | 252,2 | 265,5 | 316,6 | » |

En essayant la loi que les reculs sont entre eux comme le nombre des balles élevé à une certaine puissance, on trouve,

avec 2 grammes, l'exposant. . . . 0,4194

     3. . . . . . . . . . . . . . . . 0,4226

     4. . . . . . . . . . . . . . . . 0,4444

     5. . . . . . . . . . . . . . . . 0,4602

     6. . . . . . . . . . . . . . . . 0,4342

   Moyenne. . . . . . . . . . . . . 0,4362.

L'exposant 0,4362 donne,

pour 2 grammes, log B . . . . . 1,81333

     3. . . . . . . . . . . . . . . . 1,95575

     4. . . . . . . . . . . . . . . . 2,05154

     5. . . . . . . . . . . . . . . . 2,13494

     6. . . . . . . . . . . . . . . . 2,19040.

et les reculs contenus dans le tableau suivant.

*Reculs calculés.*

| BALLES. | 1 | 2 | 3 | 4 | 5 | 6 |
|---|---|---|---|---|---|---|
| grammes. 2 | 65,1 | 88,0 | » | » | » | » |
| 5 | 90,5 | 112,2 | 145,8 | 165,3 | 182,2 | 197,1 |
| 4 | 112,6 | 152,4 | 181,8 | 206,1 | 227,2 | 245,8 |
| 5 | 136,4 | 184,6 | 220,5 | 249,8 | 275,5 | 297,8 |
| 6 | 155 | 209,8 | 250,5 | 285,8 | 512,8 | » |

Comparant ces résultats à ceux de l'expérience, on en déduit les erreurs moyennes

| BALLES. | 1 | 2 | 3 | 4 | 5 | 6 |
|---|---|---|---|---|---|---|
| grammes 2 | 0,005 | 0,005 | » | » | » | » |
| 5 | 0,006 | 0,011 | 0,006 | 0,001 | 0,020 | 0,024 |
| 4 | 0,009 | 0,016 | 0,010 | 0,001 | 0,015 | 0,029 |
| 5 | 0,024 | 0,012 | 0,001 | 0,051 | 0,009 | 0,019 |
| 6 | 0,006 | 0,001 | 0,001 | 0,068 | 0,012 | » |

Voici les résultats faits avec la même poudre, et une bourre seulement, sans balle.

| | Reculs en $v'$ |
|---|---|
| 2 grammes. . . . . . . . | 42 |
| 3. . . . . . . . . . . . | 76 |
| 4. . . . . . . . . . . . | 114 |
| 5. . . . . . . . . . . . | 154 |
| 6. . . . . . . . . . . . | 195 ; |

et celles faites avec un cylindre de plomb bien calibré, pesant 325 grammes,

| | Reculs en $v'$ |
|---|---|
| 0,6 grammes. . . . . . . . | 380 |
| 0,8. . . . . . . . . . . . | 449 |
| 1. . . . . . . . . . . . | 529 |
| 1,2. . . . . . . . . . . . | 624 |
| 1,4. . . . . . . . . . . . | 738 |

---

### De l'époque où commence le recul d'une pièce.

« Toute arme à feu recule au tir ou fait effort pour reculer, si elle est retenue par des liens inébranlables. Ce fait est constaté. Mais il est douteux si une pièce de canon, par exemple, recule pendant que le boulet se trouve encore dans l'âme de la pièce, ou si elle ne commence à reculer que lorsque le boulet sort de la pièce.

« Remarquons que la question sur le recul des armes à feu n'est pas purement spéculative dans l'artillerie ; elle influe, en grande partie, sur la justesse du tir. Si la pièce recule pendant que le boulet est

encore dans la pièce, il est à craindre que toutes
les précautions des canonniers pour pointer deviennent inutiles, à moins que les pièces ne soient
d'une masse énorme, et par-là inébranlables. »

*Extrait du Mémoire de l'Académie des Sciences,*
1703.

« M. Geoffroy ayant remarqué dans les *Tran-
sactions philosophiques* un rapport fait à la So-
ciété royale de Londres, daquel il résultait qu'une
certaine charge d'une arme à feu détournait la balle
de droite à gauche, pendant que le canon, en re-
culant, allait de gauche à droite, ce fait, quoique
absolument possible, parut fort douteux, et l'on
voulut s'en assurer avant que d'en chercher des raisons ingénieuses, que l'on aurait peut-être eu le
malheur de trouver.

« M. Cassini fils se chargea de l'expérience, et il
fit faire une machine, la plus semblable qu'il pût à
celle d'Angleterre. Ce fut un triangle isocèle de
bois, sur lequel était placé et arrêté, bien ferme,
un fusil de 3 pieds 8 pouces à peu près, dont la
culasse était sur le milieu de la base du triangle, et
le bout sur le sommet. Il faut supposer, sans entrer
dans une description plus exacte, que la machine
était soutenue, à ses trois angles, sur trois petits pivots qui l'empêchaient de frotter à terre, qu'on la
pouvait rendre fixe et inébranlable par des vis qui
entraient dans ces pivots, et qu'ainsi, en ôtant les
vis de l'angle d'un sommet et d'un des angles de la

base, elle pouvait tourner sur le pivot du troisième angle comme sur un centre, et qu'elle tournait très-facilement, parce qu'il y avait des roulettes aux deux angles que l'on voulait qui pussent être mobiles.

« Cela fait, M. Cassini fils arrêtait la machine, chargeait son fusil, tirait, remarquait l'endroit où la balle avait frappé sur un ais placé à 17 pieds de distance ; ensuite il ôtait les vis de l'angle du sommet et d'un des angles de la base, rechargeait le fusil, et tirait. Il fallait alors que la machine reculât, puisqu'elle était libre, et son recul était l'arc de cercle que décrivait l'angle mobile de la base ; on remarquait l'endroit où la base avait frappé, la machine étant libre, et on la comparait à celui du coup fixe.

« L'expérience fut répétée un grand nombre de fois, et avec plusieurs charges différentes, tant pour les coups fixes que pour les autres.

« Comme la machine reculait ou tournait toujours étant libre, ces coups ne frappaient jamais au même endroit que le coup fixe, mais ils frappèrent toujours tous à droite du coup fixe, parce que le recul circulaire se faisait dans ce sens-là, et jamais il ne se trouva entre le coup et le recul la contrariété de direction remarquée par les expériences d'Angleterre.

« Un avantage qu'ont celles de M. Cassini, c'est que toutes les fois qu'il remit sa machine fixe, il fut bien assuré qu'elle se trouvait dans la même situation, dans la même direction, et qu'elle n'avait

reçu nul changement des ébranlemens et des secousses précédentes, car tous les coups fixes allèrent toujours dans le même trou. Le recul a toujours été d'autant plus grand que la charge a été
plus forte ; mais les coups de la machine libre n'ont
pas été plus éloignés des coups fixes, à proportion de la grandeur du recul : au contraire,
plus la charge a été forte et le recul grand, plus
l'écart des coups libres a été petit. Cela vient de ce
que la balle, sortant alors avec plus de vitesse, se
ressent moins de l'impression du recul, qui ne
commence à ébranler la machine que quand la
balle est sur le point de sortir. »

« ... D'ailleurs, j'admire la précision de M. Cassini, d'avoir porté constamment tous les coups fixes
dans le même trou ; cette précision laisse entrevoir
qu'il s'est probablement servi, dans ses expériences,
d'une balle de fer d'un calibre très-exact avec celui
de son fusil.

« On ignore la progression des charges ; mais
Cassini conclut de ses expériences que le recul commence d'autant plus tard après le premier mouvement de la balle dans l'âme, que la charge employée
est plus considérable.

« .... On dressa dans le jardin de l'arsenal de
Strasbourg un triangle semblable à celui de M. Cassini.

« Notre objet n'ayant pas été de changer les charges et de choisir les vents des balles, jusqu'à ce que
l'on fût parvenu à s'apercevoir, dans des cas particuliers, de l'influence du recul sur la direction

des balles, mais de savoir à quoi il faut s'en tenir dans les opérations de la guerre, on chargea le fusil de munition dont on s'est servi dans ces expériences, de la charge ordinaire, et l'on y employa simplement des balles de plomb, dont chacune ne pouvait naturellement servir qu'une seule fois. Alors nos coups fixes n'allèrent pas dans le même trou, et nos coups libres portèrent tantôt à droite et tantôt à gauche de leurs coups fixes, marqués dans la planche opposée au fusil.

« Quelques jours après, Messieurs les commandans de l'école autorisèrent M. Dupuget et moi à suivre les effets du recul dans les mortiers.

« Nous choisîmes un mortier de 8 pouces ; après avoir trouvé le moyen d'en relever l'affût du côté de la culasse par un piquet, ou plutôt une baguette très-fragile, à peine capable de soutenir ce poids, en sorte que la moindre secousse ou impression dût la rompre, nous tirâmes ce mortier plusieurs fois pointé constamment sous 15 degrés, avec la même quantité de poudre et la même bombe, pointé alternativement dans sa position ordinaire, c'est-à-dire l'affût appuyé de toute sa longueur sur la plate-forme, et ensuite relevé par la baguette.

« La différence de portée ne fut pas sensible dans ces deux opérations ; tandis que, dans la seconde, la baguette se trouvant rompue régulièrement, le mortier y prit une élévation de près de 30 degrés de l'horizontale. Puisqu'il y avait égalité de portées sensible, le mortier étant pointé à 15 degrés alternativement avec ou sans baguette, il s'ensuit que la baguette n'a pas été rompue par l'impulsion du recul d'inflammation : car avant la sortie de la bombe du mortier, celui-ci avait pris, dans cette supposition de l'effet du recul d'inflammation, une élévation de 5o degrés, qui eût donné des portées bien différentes de celles du même mortier pointé à 15 degrés.

« Si l'on était tenté de s'assurer encore une fois du résultat de cette expérience, je pense qu'on pourrait la rendre plus praticable en suspendant en équilibre, au moyen d'un contre-poids, l'extrémité de l'affût avec le mortier pointé à 15 degrés. J'ai entendu répéter plusieurs fois que le recul d'inflammation n'a pas été plus sensible dans une pièce de canon suspendue horizontalement par un cable : je sens toute la difficulté de cette épreuve ; cependant elle ne me paraît pas impossible. »

Tout ce qui précède est extrait presque en entier d'un Mémoire de M. Brackenoff, professeur à Strasbourg ; mais il n'a pas cité les faits suivans, que l'on trouve dans Texier de Norbec.

« Malthus, pour prouver que le recul des pièces ne nuit point à la direction de tir, rapporte que Pompée Targon, auteur de la digue devant La Rochelle, en 1626, avait fait placer, dans un ponton en avant, une pièce de canon fixée sur chaque extrémité d'une traverse de bois, dont le milieu, percé d'un trou, était traversé par un pivot en tête d'un montant vertical et solide ; les volées et les culasses de ces pièces étaient disposées en sens contraire, de sorte que tandis qu'on pointait et tirait l'une, on chargeait l'autre, qui venait presque en place pour être tirée, par le recul circulaire de la première, et jamais les objets visés n'étaient manqués. Errard, dans sa Fortification, livre II, ch. III, p. 47, ne faisait mettre qu'une roue dans le milieu de l'affût, et l'essieu long avait son autre bout immobile : de manière que, quand la pièce tirait, son recul circulaire mettait la bouche en dedans pour être chargée à l'abri du feu de l'ennemi, dans les flancs bas des bastions, et les coups n'étaient nullement dérangés. »

*Lettre de M. Hervy fils, sur l'épreuve d'une orgue faite en 1603, par M. de Vigny.*

« Pour répondre à la lettre que vous m'avez fait l'honneur de m'écrire, du 28 du mois passé, j'ai celui de vous mander ce que je sais, et l'épreuve que j'ai vu faire des cinq mortiers à cône, de 6 pouces de diamètre, coulés sur un même tourillon.

« Lesdits mortiers (*à chambres coniques*) sont faits avec toutes les proportions ordinaires des autres mortiers de 6 pouces de diamètre ; ils sont tous cinq sur une même ligne droite, sans aucune séparation, sinon à l'endroit du cône où il y a quatre vides entre les cinq cônes, afin que la machine en soit plus légère. Elle est montée sur un affût à limonière ; deux chevaux la peuvent traîner aisément ; les roues sont celles de devant d'un chariot à porter canon, dont on a châtré les moyeux, parce que la voie aurait été trop large.

La manière de servir ces mortiers est fort simple et n'est point différente de celle dont on se sert pour les autres mortiers à cône. On dresse, avec deux leviers, la machine sur son affût ; on met dans chaque mortier la poudre ; on y met, après la bombe, une étoupille autour de la fusée ; on donne à cette machine les degrés que l'on veut ; on la pointe, on amorce tout le long de l'auget, on met le feu au milieu, et tout part en même temps et du même feu. Il ne faut que quatre hommes pour la servir.

« Quant à l'effet, lorsque M. de Vigny en fit l'épreuve, on mit une demi-livre de poudre dans chaque mortier ; on les pointa à 45 degrés : les deux bombes des deux bouts tombèrent à 150 toises des mortiers, et à 100 pas environ l'une de l'autre ; les deux suivantes, à 180 toises environ, et celle du milieu, à 220 toises. L'étoupille prit bien feu, et elles crevèrent toutes. » (*Extrait de Saint-Remy.*)

Dans un rapport fait au comité, en 1817, par M. le lieutenant-général d'Anthouard, on trouve le passage suivant :

« La manière dont l'inflammation s'opère laissait à déterminer si le recul a lieu avant, pendant ou après la sortie de la balle. Il avait été reconnu que lorsque la balle frappe la lentille du pendule avec toute la force que lui imprime la cartouche de fusil et de mousqueton, elle était en mille pièces avant l'ébranlement du pendule ; mais avec les pistolets de gendarmerie, dont les cartouches sont de 120 à la livre, ce résultat était indécis, car la balle

s'aplatit en feuille sans se briser , et il reste toujours
un culot au centre de cette feuille. Pour s'assurer
si le recul commence avant la sortie de la balle,
M. Parisot a imaginé une machine ingénieuse et
d'une très-grande mobilité : c'est un cadre horizontal , suspendu par ses quatre angles au moyen d'un
fil de fer , qui se réunit à un chapeau. Ce système a la liberté de se mouvoir autour d'un axe
vertical , lequel lui-même est un fil de fer de 2
lignes , accroché par son bout supérieur et tendu
au moyen d'un poids considérable suspendu à son
bout inférieur. . . . Le canon est porté par un des
côtés du cadre , et pointé sur une ligne verticale
distante de 30 à 40 pieds.

« Si le recul ne commençait qu'après la sortie
de la balle , faisant abstraction des battemens de
la balle dans le tube, les coups devraient porter sur
la ligne. Dans les épreuves faites sur des canons
de différentes longueurs avec des balles de divers
calibres et avec des cartouches de poudre ordinaire et ronde , les coups ont généralement porté
du côté de la ligne verticale , et dans le sens du recul , et dans le sens opposé.

« A l'inspection du tableau il est facile de reconnaître que le canon de fusil d'infanterie , qui a 42
pouces de longueur , et le canon de 56 pouces ,
ont seuls donné dans le sens opposé au recul ; ce
qui déjà induit à conclure que cet effet est dû
à un dernier battement de la balle. Pour s'assurer cependant d'une manière positive que cet
effet n'est pas causé par la balle , qui au moment

12

de l'inflammation entraînerait, par son frottement, le canon en avant, ni par un mouvement de rotation dans le sens horizontal imprimé à la balle par le frottement contre la paroi du canon, 1° on a tiré avec deux lingots pesant environ deux balles et d'un calibre à très-peu près égal à celui du fusil, de manière à laisser le moins de vent possible. Les deux coups ont porté dans le sens du recul.

« 2°. On a tiré sur deux chassis en papier; les balles les ont percés du même côté de la ligne verticale et à des distances proportionnelles aux éloignemens des chassis. Ces deux expériences ont suffisamment prouvé que cet effet, contraire à la loi générale, n'est dû qu'à une circonstance étrangère à l'inflammation de la poudre, et la commission a conclu, de l'examen des autres résultats, que le recul commence au moment même où le feu est communiqué à la charge ; mais que le *recul d'inflammation* est très-peu considérable, et paraît même devoir être détruit par l'inertie que présente l'arme, montée et appuyée à l'épaule. On a évalué à 15 secondes environ la moyenne de l'angle décrit par un canon d'infanterie sur la machine dont on s'est servi. Par le fait du recul d'inflammation, le recul définitif donnait un fort ébranlement à la machine, et le cadre faisait un grand nombre de révolutions. »

| CANONS. | CHARGES. | BALLES. | POSITION du canon dans le tourniquet. | DÉVIATIONS MOYENNES. Poudre ordinaire. pouc. | lig. | Poudre ronde. pouc. | lig. |
|---|---|---|---|---|---|---|---|
| A | | forcée. | à gauche. | 1 | 9 | 1 | » |
| | | id. | à droite. | 3 | 6 | 4 | 10 |
| B | de 1/40 | de 1/18 | à gauche. | 6 | 5 | 5 | 10 |
| | id. | de 1/20 | à droite. | 2 | 6 | » | » |
| | id. | de carabine. | id. | 3 | 6 | » | » |
| | de 1/80 | de 1/18 | à gauche. | 5 | 3 | 4 | 7 |
| C. | de 1/40 | de 1/18 | à gauche. | 2 | 2 | 1 | 7 |
| | de 1/120 | id. | id. | 2 | 2 | 1 | 7 |
| | de 1/60 | de 1/120 | id. | 5 | 10 | 1 | 8 |
| | de 1/120 | id. | id. | 2 | 11 | 2 | 1 |
| D | charg. doub. | de 1/8 | à gauche. | —(2 ») | | » | » |
| | demi-charge | id. | id. | —(1 6) | | » | » |
| | de 1/40 | id. | à droite. | —(» 8) | | » | » |
| | id. | id. | à gauche. | —(1 5) | | —(1 9) | |
| | de 1/80 | id. | id. | » | » | —(2 3) | |
| | de 1/120 | id. | id. | 5 | 2 | 3 | 10 |
| | de 1/40 | de 1/20 | à droite. | 1 | » | » | » |
| | id. | de carabine | id. | 2 | » | » | » |
| E | de 1/40 | de 1/18 | à gauche. | » | » | —(1 4) | |
| | de 1/20 | de 1/20 | id. | » | » | —(1 ») | |
| | de carabine. | de carabine | id. | » | » | » | » |
| F | de 1/40 | de 1/18 | à droite. | —(1 5) | | » | » |
| | id. | de 1/20 | id. | 1 | 5 | » | » |
| | id. | de carabine | id. | 2 | 9 | » | » |
| G | de 1/40 | » | à droite. | —(2 6) | | » | » |

*Nota.* Les lumières étaient percées sur le pan droit des canons.
Diamètre de la lentille, 3 pouces et demi.

A  carabine se chargeant par la culasse (de
      Versailles),

B  canon d'artillerie,

C  pistolet de cavalerie,

D  canon de soldat (lumière, position ordi-
      naire),

E

F

G  canon de 5 6 pouces de longueur.

L'explication de la déviation dans un sens opposé au recul par les derniers battemens de la balle
est assez satisfaisante, si l'on fait attention que plus
la balle était petite, moins cet effet était sensible,
et que plus la charge était forte, plus la déviation
dans un sens opposé devenait considérable. Mais
doit-on l'adopter entièrement, et, d'après les prin-
cipaux faits donnés par l'expérience, ne pourrait-
on pas croire que

1° La pièce ne se ment qu'après que le projectile
a commencé son mouvement;

2° L'intervalle du temps écoulé entre le commencement du mouvement du projectile et celui
du mouvement de la pièce est d'autant plus grand
que la pièce est plus longue ou plus pesante;

3° Ce retard augmente encore à mesure que la
charge de poudre est plus forte, et diminue avec
l'accroissement du poids du boulet ou de son diamètre.

Si l'on joint à ces remarques les observations de
Hutton, qui ont prouvé que les différens poids des

pièces n'influent pas sur les vitesses initiales, ou
que du moins elles n'y influent que d'une manière
insensible et inappréciable par l'expérience, on
pourra conclure que le recul n'exerce qu'une très-
petite influence sur la justesse du tir, et que l'on
ne doit y avoir aucun égard dans la pratique.

# CHAPITRE V.

## DE LA RÉSISTANCE DES FLUIDES.

---

### *Expériences de Borda; résistance de l'air.*

Voici comment Borda décrit son appareil, dans un Mémoire imprimé parmi ceux de l'Académie des Sciences, année 1763.

« Pour mesurer la résistance de l'air, j'ai fait faire une espèce de volant, aux extrémités duquel j'attachais des surfaces de toute espèce; ce volant tournait par l'action d'un poids P, suspendu à un cordon qui se roulait dans la gorge d'un petit cylindre. Le petit arbre horizontal qui servait d'axe à ce cylindre était traversé par une verge qui formait les deux bras du volant; cette verge avait un peu plus de 6 pieds et demi de longueur; elle était taillée en couteau des deux côtés, pour mieux fendre l'air, et était aussi mince que pouvait le permettre l'effort qu'elle avait à faire. Pour chaque expérience, je faisais d'abord tourner le volant avec la main, jusqu'à ce que tout le cordon fût roulé sur le cylindre; ensuite je l'abandonnais à l'action du poids, et j'attendais, pour faire mes observations, que le volant fût parvenu, à peu de chose près, à l'uniformité, ce qui arrivait après un petit nombre de révolutions. En effet, je trouvais, par un calcul fondé sur quelques expériences préliminaires, que la vitesse du volant, après quatre révolutions, approchait, à moins d'un centième près, de la plus grande vitesse qu'il pouvait acquérir par l'action du poids : ainsi, dès la cinquième révolution, le mouvement pouvait être réputé uniforme ; et comme c'était le mouvement uniforme que je voulais connaître, j'attendais toujours la cinquième révolution pour commencer à observer le temps. Pour cela j'avais placé fort près du cordon un pendule à demi-secondes, qui oscillait à hauteur de mon œil ; j'avais fait sur le cordon deux marques bien visibles, dont la première passait devant le poids du petit pendule, après quatre tours du volant, et dont la seconde était éloignée de la première d'une longueur égale à vingt-deux tours de la poulie ; je lâchais le pendule lorsque la première marque passait à cette même hauteur. De cette manière, le temps était observé avec tant de précision, que dans deux observations pour la même expérience, il y avait rarement une variation d'une demi-vibration du pendule.

« Je voulus savoir si, par le mouvement du volant, l'air ne prenait pas peu à peu un mouvement circulaire, et si, après quelques vibrations, il n'y avait pas quelque diminution dans la résistance de l'air. Pour cela, je fis une troisième marque au cordon, à égale distance des deux autres, et je mis successivement plusieurs espèces de surfaces aux extré-

nités du volant , que je fis tourner avec ces différentes surfaces. Je trouvai toujours que la première
moitié du nombre des révolutions se faisait dans le
même intervalle de temps que la seconde.

« Je cherchai ensuite si la vitesse du volant était
fort retardée par le frottement des tourillons. Pour
cela, je chargeai l'arbre de petits poids qui se faisaient équilibre autour de l'axe, et qui pesaient ensemble un peu plus de 4 livres. J'attachai une surface de 4 pouces en carré à chaque extrémité du
volant, et je le fis tourner avec un poids d'une livre ; le volant, ainsi chargé, fit vingt-deux révolutions en cent six vibrations et demie du pendule ;
et, après avoir ôté les poids, je ne trouvai environ
qu'une demi-vibration de différence, quoique le
poids dont l'arbre était chargé fût quatre fois plus
grand que celui qui faisait tourner le volant. J'en
conclus que le frottement des axes devait être tota-
lement négligé.

« Je fis toutes mes expériences en deux jours
différens, le thermomètre de Réaumur à 4 dégrés
au-dessus de la glace, et le baromètre à 28 pouces.
Il faut remarquer que j'ai toujours fait trois observations pour chaque expérience.

*Résultats des expériences.*

| POIDS. | SURFACE de 9 pouces en carré. | SURFACE de 6 pouces en carré. | SURFACE de 4 pouces en carré. |
|---|---|---|---|
| livres. | vibrations. | vibrations. | vibrations. |
| 8 | 95 | 58 $\frac{1}{3}$ | 37 $\frac{1}{2}$ |
| 4 | 133 $\frac{2}{3}$ | 82 $\frac{1}{2}$ | 53 |
| 2 | 189 $\frac{1}{2}$ | 116 $\frac{1}{2}$ | 75 |
| 1 | 268 | 165 $\frac{1}{2}$ | 105 $\frac{3}{4}$ |
| $\frac{1}{2}$ | » | 232 | 149 $\frac{1}{2}$ |

« J'avais remarqué que les différens poids don-naient au cordon différens allongemens, ce qui faisait un peu varier la distance des deux marques faites à ce cordon. J'ai observé, par expérience, la quantité de cette variation, et j'ai fait les corrections nécessaires, en supposant que l'allongement eût toujours été le même que si le cordon avait été tendu par un poids de 2 livres.

*Résultats corrigés.*

| POIDS. | SURFACE de 9 pouces en carré. | SURFACE de 6 pouces en carré. | SURFACE de 4 pouces en carré. |
|---|---|---|---|
| livres. | vibrations. | vibrations. | vibrations. |
| 8 | 94,5 | 58,36 | 37,5 |
| 4 | 133,4 | 82,23 | 53 |
| 2 | 189,5 | 116,33 | 75 |
| 1 | 268,5 | 165,80 | 105,75 |
| $\frac{1}{2}$ | » | 232,70 | 149,5 |

« Quant à la résistance absolue des surfaces, je l'ai déterminée de la manière suivante. Prenons pour exemple les surfaces de 9 pouces en carré, lorsque le poids de 8 livres les faisait tourner. J'ai d'abord cherché la résistance qu'éprouvait la verge seule sans aucune surface à ses extrémités, et j'ai trouvé qu'avec des poids de deux livres, une livre, et demi-livre, le nombre des oscillations était 26, 37 et 52 ; ce qui faisait que les résistances qu'éprouvait la verge seule étaient encore proportionnelles aux carrés des vitesses.

« Ainsi, j'avais la proportion $(94,5)^2 : (52)^2$ : : une demi-livre : 0,151 livre, partie du poids de 8 livres qui servait à vaincre la résistance qu'éprouvait la verge lorsque le volant faisait vingt-deux révolutions dans le temps de 94,5 vibrations. Ainsi,

il n'y avait que 7,849 livres pour entraîner la surface.

« Or le poids tombait de la hauteur de 19 pieds
10 pouces 6 lignes, tandis que les centres d'impulsion des surfaces de 9 pouces parcouraient 504
pieds. Ainsi, l'on aura 0,3094 pour la résistance
des deux surfaces, ou 0,1547 livres pour celle d'une
seule surface. »

Nous remarquerons que la distance des centres
d'impulsion des surfaces est toujours demeurée la
même, quelle que soit la surface mise en expérience,
et que les résistances calculées par Borda sont très-
peu changées, en cherchant à régulariser les corrections qu'il a faites à cause de l'allongement des
cordons.

### *Résistances calculées.*

| SURFACE DE 9 POUCES. | | SURFACE DE 6 POUCES. | | SURFACE DE 4 POUCES. | |
|---|---|---|---|---|---|
| Résistances de l'air. | Vitesses. | Résistances de l'air. | Vitesses. | Résistances de l'air. | Vitesses. |
| livres. | pieds. | livres. | pieds. | livres. | pieds. |
| 0,1347 | 10,66 | 0,1349 | 16,68 | 0,1472 | 24,47 |
| 0,0733 | 7,57 | 0,0774 | 11,85 | 0,0756 | 17,99 |
| 0,0387 | 5,52 | 0,0387 | 8,38 | 0,0368 | 12,66 |
| 0,0193 | 3,75 | 0,0193 | 5,88 | 0,0184 | 8,96 |
| | 2 | 0,0096 | 4,19 | 0,0092 | 6,55 |

« J'avais des petits corps de fer-blanc dont une

des faces était une surface plane, et dont la partie opposée était une surface angulaire ou courbe ; j'attachais ces corps aux extrémités du volant, et selon que je le faisais tourner dans un sens ou dans l'autre, ces corps présentaient au choc de l'air, ou bien une surface plane, ou bien une surface angulaire ou courbe : la vitesse du volant me faisait trouver le rapport des résistances.

« Les prismes employés avaient pour base un triangle isocèle, et leurs surfaces planes avaient 4 pouces en carré.

« Les surfaces des prismes, formant un angle de 45 degrés avec la direction de la résistance de l'air, donnaient, pour le rapport de la résistance de la base à celle des prismes,

$$4874 : 3549.$$

Ce rapport pour les prismes, ne faisant qu'un angle de 30 degrés, était

$$4949 : 2573.$$

De deux espèces de cônes ayant une base de 4 pouces 6 lignes, celui à arêtes, faisant un angle de 45 degrés avec la direction de la résistance de l'air, a donné, pour le rapport de cette résistance,

$$4949 : 3420;$$

et ce même rapport avec celui à arêtes, faisant un angle de 30 degrés, a été de

$$4949 : 2688.$$

«.... J'ai essayé les résistances sur deux demi-
cylindres, dont le plan de l'axe était un carré de
4 pouces, et j'ai trouvé les résistances

$$5024 : 2864.$$

« Ma dernière expérience conduisait à comparer
les résistances des sphères avec celles des grands
cercles ; pour cela je me suis servi de deux globes
de bois creux, de 4 pouces et demi de diamètre ;
j'ai trouvé d'abord, avec les poids de 2 livres, que
les surfaces convexes des deux demi-globes faisaient leurs révolutions en 52 vibrations, tandis
que les grands cercles employaient 75 vibrations.
Rapport, 2,44 : 1. »

--------

### Résistance de l'eau.

« J'ai fait construire une petite caisse A qui avait
extérieurement 1 pied carré de base et 14 pouces de
hauteur ; cette caisse était bien calfatée ; je la met-
tais sur l'eau, et, par le moyen d'un peu de lest, je
la faisais enfoncer jusqu'à la profondeur d'un pied
en tout sens ; je faisais tirer cette petite caisse par
un fil d'argent qui se roulait dans la gorge d'une
poulie, qui avait encore une autre gorge d'un diamètre trois fois plus petit, qui servait à un cordon
auquel était suspendu un poids de plomb ; j'attendais qu'il fût parvenu, à peu de chose près, à sa plus
grande vitesse, et je commençais alors à compter,

avec un pendule à demi-secondes, le temps que la poulie employait à faire un certain nombre de révolutions. La première colonne marque les poids dont je me suis servi, ces poids étant pesés dans l'eau, et non dans l'air.

| Poids dans l'eau. | Direction d'un côté du tube. | Direction de la diagonale. |
|---|---|---|
| 8 livres. | 47 vibrations. | 54 vibrations. |
| 4 | 65 | 76 |
| 2 | 97 | 110. » |

Dans le recueil des Mémoires de l'Académie des Sciences, année 1767, on trouve un autre Mémoire de Borda, dont nous extrairons les passages suivans :

« Le diamètre du bassin avait 12 pieds, celui du volant 8 pieds; on faisait pendre à l'un des bouts du volant les corps dont on voulait éprouver les résistances; pour cela l'on avait une lame de fer bien tranchante, dont une extrémité était fixée au corps que l'on faisait mouvoir; l'autre extrémité passait au travers du volant, et y était assujettie par le moyen d'une vis qui servait à tenir le corps à la profondeur à laquelle on voulait le faire mouvoir; de cette manière, tandis que l'action du poids P faisait tourner le volant dans l'air, il n'y avait que le corps qui se mût dans l'eau avec une partie de la lame, et cette lame, étant mince et tranchante, n'éprouvait qu'une résistance presque insensible.

« Voici la manière dont je faisais chaque observation. Après avoir fixé à l'extrémité du volant le corps que je voulais faire mouvoir, je passais plusieurs tours de cordon dans la gorge de la poulie, et lorsque l'eau du bassin était parfaitement tranquille, j'abandonnais le volant à l'action du poids P; j'attendais ensuite qu'il eût acquis, à très-peu de chose près, la plus grande vitesse à laquelle il pouvait parvenir (ce qui arrivait ordinairement après un quart de révolution); et je comptais alors, avec un pendule à demi-secondes, le temps qu'il employait à faire deux révolutions entières.

« Les expériences suivantes sont les moyennes de deux observations. La sphère avait 59 lignes de diamètre.

*Nombre des vibrations correspondantes à deux révolutions entières du volant.*

| POIDS. | CÔTÉ du grand-cercl. | PARTIE convexe de la demi-sphér. | SPHÈRE entière. |
|---|---|---|---|
| livres. | | | |
| 0,25 | 389 | 241,5 | 242,5 |
| 0,50 | 269,5 | 179,75 | 171,25 |
| 1 | 188 | 118,75 | 119,25 |
| 2 | 132,5 | 83,75 | 84 |
| 4 | 92,5 | 59,25 | 59,5 |
| 8 | 66 | 41,75 | 42 |

« Mais il faut séparer de ces effets celui des frottemens et celui du choc de l'air contre le volant,
afin de n'avoir que la seule résistance de l'eau contre
le globe. Pour cela, après avoir ôté le corps soumis
à l'expérience, j'ai fait tourner le volant successivement avec différens petits poids ; j'ai trouvé qu'un
poids de deux gros et demi suffisait pour faire faire
deux révolutions dans le temps de 155 vibrations ;
qu'il fallait 3 gros pour 116 vibrations, 4 pour 88,
6 pour 66, et 8 pour 54. D'après ces données, j'ai
cherché par interpolation les différens poids qui
convenaient au temps marqué dans la table, et
ensuite j'ai déterminé le nombre de vibrations que
l'on aurait trouvé s'il n'y avait eu ni frottement, ni
résistance de l'air. Voici la table ainsi corrigée :

| POIDS. | cercl. du grand cercl. | PARTIE convexe de la demi-sphér. | SPHÈRE entière. |
|---|---|---|---|
| livres. | vibrations | vibrations. | vibrations. |
| 0,25 | 580 | 235 | 236 |
| 0,50 | 266 | 168,5 | 168,75 |
| 1 | 186,5 | 117,25 | 117,75 |
| 2 | 152 $\frac{1}{2}$ | 85 | 85 $\frac{1}{2}$ |
| 4 | 66 $\frac{1}{6}$ | 58 $\frac{1}{2}$ | 59 $\frac{1}{12}$ |
| 8 | 65 $\frac{1}{2}$ | 41,5 | 41 $\frac{1}{2}$ |

« Je remarque sur ces expériences,

« 1°. Que les résistances que le globe éprouvait dans l'eau étaient à très-peu de chose près proportionnelles aux carrés des vitesses.....

« 2°. Ces expériences font voir que la résistance de la partie convexe est, à peu de chose près, la même que celle de la sphère entière ; ainsi, l'on peut dire que, dans les petites vitesses, la partie antérieure du corps est la seule qui cause la résistance.

« Pour connaître la résistance absolue de la sphère, il faut d'abord déterminer le rapport du diamètre de la poulie au diamètre du cercle décrit par le centre de la sphère. Or j'ai trouvé que, tandis que le volant faisait deux révolutions, le poids descendait de la hauteur de 5 pieds 17 lignes, ce qui donne 5 pouces 11 lignes et demie pour le diamètre de la poulie ; et comme le cercle décrit par le centre de la sphère avait 8 pieds de diamètre, on trouvera que les deux diamètres étaient entre eux comme 100 est à 1611 : il faut donc, pour avoir les vraies résistances, diminuer les poids de la table dans le rapport de 1611 à 100.

« Venons à présent aux rapports des résistances du grand cercle et de la sphère. De ce que les résistances sont proportionnelles aux carrés des vitesses, on doit conclure qu'elles sont encore proportionnelles aux carrés des nombres correspondans des vibrations qui sont dans la table : ainsi elles sont comme $(580)^2$ et $(256)^2$, $(266)^2$ et $(168,-5)^2$, etc. Prenant le rapport moyen entre tous ceux-là, on trouvera que la résistance du grand cercle est à celle de la sphère entière comme 2508 est à 1000 ; on trouvera aussi de même que la résistance du grand cercle est à celle de la partie convexe comme 2525 est à 1000 ; c'est-à-dire que ces rapports sont entre eux, à peu de chose près, comme celui de 5 à 2, ainsi que nous l'avons trouvé pour la résistance de l'air.

| Poids. | Sphère enfoncée à 6 pouces sous l'eau. | Sphère à la surface de l'eau. |
| --- | --- | --- |
| 8 onces | 171,25 | 173,5 |
| 2 livres. | 84 | 87,5 |
| 8 | 42 | 47,25 |

« On voit dans ces expériences deux objets ré-quables :

« 1°. La sphère entière éprouvait moins de ré-sistance lorsqu'elle était enfoncée sous l'eau que lorsqu'elle se trouvait à la surface.

« 2°. Les résistances de la sphère qui se trouvait à la surface de l'eau croissaient dans un plus grand rapport que les carrés des vitesses.

« J'ai d'abord cherché les résistances qu'éprou-vaient différens angles plans en se mouvant dans l'eau, et j'ai trouvé, comme dans mes expériences sur l'air, qu'il s'en fallait beaucoup qu'elles fussent proportionnelles aux carrés des sinus des angles d'incidence ; et même, lorsque ces angles étaient fort aigus, j'ai trouvé que les résistances ne dimi-nuaient pas autant que les simples sinus. »

## Résistance de l'air contre des surfaces mobiles différemment inclinées.

Dans un Mémoire de Bossut et Condorcet, imprimé parmi ceux de l'Académie, en 1778, on trouve le passage suivant :

« Nos expériences de l'année 1775 ont suffisamment prouvé, et on trouverait également par les précédentes, que la résistance d'une surface quelconque, plane ou courbe, mue avec différentes vitesses, est, à peu de chose près, comme le carré de la vitesse ; on a trouvé aussi que les résistances directes de différentes surfaces planes, mues avec la même vitesse, sont sensiblement proportionnelles aux étendues de ces surfaces, pourvu néanmoins que, dans tous les cas, le fluide ait une liberté suffisante de venir gagner l'arrière du corps flottant.

« Ces expériences s'étaient faites dans un très-grand bassin, avec des bateaux ayant jusqu'à 4 ou 5 pieds de vitesse par seconde. Quant à l'appareil, c'était le premier appareil de Borda, mais en grand : ainsi les bateaux ne pouvaient parcourir à chaque fois qu'un peu moins de la longueur du bassin, ou environ 48 pieds. Les surfaces mises en expérience formaient les côtés égaux d'un prisme ayant pour base un rectangle qui était la section même du bateau.

« Des expériences faites sur des plans inclinés
ont donné les résultats suivans :

| DEGRÉS. | RÉSISTANCES suivant la théorie. | RÉSISTANCES par expérience. | DIFFÉRENCES. |
|---|---|---|---|
| | pieds. | pieds. | pieds. |
| 90° | 10000 | 10000 | 0 |
| 84 | 9899 | 9893 | 5 |
| 78 | 9568 | 9578 | 10 |
| 72 | 9045 | 9084 | 39 |
| 66 | 8546 | 8646 | 100 |
| 60 | 7500 | 7710 | 210 |
| 54 | 6545 | 6925 | 380 |
| 48 | 5523 | 6148 | 625 |
| 42 | 4478 | 5433 | 935 |
| 36 | 3435 | 4800 | 1345 |
| 30 | 2500 | 4404 | 1904 |
| 24 | 1654 | 4240 | 2586 |
| 18 | 955 | 4142 | 3187 |
| 12 | 432 | 4063 | 3631 |
| 6 | 109 | 3999 | 3890 |

« Pour trouver une formule meilleure que celle
$P \sin^2 x$ ($x$ désignant l'angle du plan incliné avec
la perpendiculaire à la direction de la résistance),
nous remarquerons que , chaque terme de la suite

des différences dont il s'agit étant l'excès de la résistance effective sur la résistance donnée par la théorie, et cette même suite allant toujours en croissant, nous avons dit : La formule propre à représenter les résistances effectives doit ou peut contenir, 1° le terme que donnerait la théorie ; 2° un terme ou un assemblage de termes dont la valeur aille en augmentant, suivant la loi de la suite proposée. Ainsi l'on aura la formule

$$P \sin^2 x + M x^n.$$

« La valeur moyenne de $n$ est $3,25$, à peu de chose près.

« $q$ désignant le premier angle, qui est de 6 degrés, on a la formule

$$1000 \cos^2 x + 3,153 \left( \frac{x}{q} \right)^{3,25} ---.$$

« Cette formule n'est bonne que pour les angles d'incidence un peu grands. Lorsque l'angle d'incidence est de 12 degrés, le terme $3,153 \left( \frac{x}{q} \right)^{3,25}$ devient $4766$, tandis que l'expérience donne simplement $3621$ : la formule s'éloigne plus de la vérité pour des plus petits angles d'incidence.

« Du reste, l'objection que la formule devrait donner la résistance nulle, lorsque $x = 90$ degrés n'a pas de fondement, 1° parce que tous les triangles ayant la même base, il y aura une résistance sensible, même lorsque $x = 90$ degrés, puisque le bateau poussera devant lui une colonne fluide dont la largeur est finie ; 2° parce que , l'angle $x$ étant parvenu aux environs de 90 degrés , la proue prend une longueur qui approche de plus en plus de devenir infinie : d'où il résulte que le frottement du fluide le long des parois du bateau peut augmenter au point de former une résistance sensible, comparable et additive à celle qui provient du choc de l'eau. »

Nous remarquerons que le défaut de la formule de Bossut vient de ce que les valeurs du second terme croissent toujours, tandis qu'elles ont une valeur *maximum* qu'elles ne doivent pas dépasser, et qui arrive quand $x = 0$ degrés. Or, dans ce cas-là , cos $x$ devient aussi un *maximum*, ce qui nous indique de suite que l'on doit modifier la formule de Bossut de la manière suivante :

$$f = 10000 \, (\sin x)^2 + M \, (\cos x)^n.$$

Pour diminuer autant que possible les erreurs, il faut que le deuxième terme contribue à donner pour les plus petits angles la même exactitude que le premier terme donne pour les plus grands : ainsi, au moyen des différences, on trouvera la valeur de $n = 4,8$ et celle de log $M = 3,60206$, ce qui donne la formule

$$f = 10000 \, (\sin x)^2 + 4000 \, (\cos x)^{4,8}.$$

Par l'application de cette formule , on aura les résultats

| Degrés. | Résistances calculées. | Rapports des erreurs. |
|---|---|---|
| 90. | 10000. | 0,0000 |
| 84. | 9890. | 0,0003 |
| 78. | 9570. | 0,0008 |
| 72. | 9059. | 0,0033 |
| 66. | 8399. | 0,0056 |
| 60. | 7643. | 0,0087 |
| 54. | 6855. | 0,0107 |
| 48. | 6104. | 0,0071 |
| 42. | 5440. | 0,0013 |
| 36. | 4901. | 0,0210 |
| 30. | 4505. | 0,0229 |
| 24. | 4234. | 0,0014 |
| 18. | 4099. | 0,0105 |
| 12. | 4029. | 0,0084 |
| 6. | 4005. | 0,0015 |
| | Moyenne. | 0,0069 |

Vince, professeur d'astronomie et de physique expérimentale à l'université de Cambridge, a fait des expériences avec un volant, et il évitait le frottement de l'axe en le mouvant par deux cordons dirigés en sens opposés l'un de l'autre, et en employant quatre plans.

Le rayon de l'axe vertical du volant était de 0,2117 pouces.

L'aire des quatre plans en mouvement avait 5,73 pouces carrés, et la distance de leurs centres de résistance au centre de mouvement, 7,57 pouces. Ils se mouvaient avec une vitesse de 0,66 pieds par seconde.

Les résistances sont exprimées en onces troy.

| Inclinaison des plans. | Résistances. |
|---|---|
| Degrés. | Onces troy. |
| 90. . . . . . . . . . . . . . . . | 0,2321 |
| 80. . . . . . . . . . . . . . . . | 0,2257 |
| 70. . . . . . . . . . . . . . . . | 0,2125 |
| 60. . . . . . . . . . . . . . . . | 0,1902 |
| 50. . . . . . . . . . . . . . . . | 0,1552 |
| 40. . . . . . . . . . . . . . . . | 0,1174 |
| 30. . . . . . . . . . . . . . . . | 0,0769 |
| 20. . . . . . . . . . . . . . . . | 0,0564 |
| 10. . . . . . . . . . . . . . . . | 0,0112. |

Dans ces expériences, la surface inclinée étant
constante, et dans les expériences de Bossut, n'y
ayant de constant que la surface inclinée réduite
à celle perpendiculaire à la direction de la résistance, pour pouvoir comparer ces dernières aux
premières, il faut les diviser par $\cos(90° - x)$,
$x$ désignant le nombre des degrés de l'inclinaison
du plan avec la direction de la résistance.

| Inclinaison des plans. | Rapports des résistances. |
|---|---|
| Degrés. | |
| 90. . . . . . . . . . . . . . . . | 10000 |
| 80. . . . . . . . . . . . . . . . | 9787 |
| 70. . . . . . . . . . . . . . . . | 9743 |
| 60. . . . . . . . . . . . . . . . | 9462 |
| 50. . . . . . . . . . . . . . . . | 8729 |
| 40. . . . . . . . . . . . . . . . | 7869 |
| 30. . . . . . . . . . . . . . . . | 6626 |
| 20. . . . . . . . . . . . . . . . | 4585 |
| 10. . . . . . . . . . . . . . . . | 2529. |

Ces expériences ne s'accordent pas très-bien avec celles de Bossut, et donnent la formule

$$f = 10000\,(\sin x)^2 + \mathrm{B}\,(\cos x)^{1,8}.$$

Mais, vu que ces dernières expériences ont été faites trop en petit, et qu'elles peuvent être affectées d'erreurs considérables qui étaient peu sensibles dans les premières, on fera bien d'adopter la première formule ; d'autant plus qu'il est fort douteux que les résultats donnés par le cabestan soient comparables et identiques avec ceux obtenus en faisant mouvoir les surfaces suivant une ligne droite.

---

### De la résistance d'une surface inclinée contre un fluide qui vient la presser.

Les expériences qui font l'objet de cet article sont encore dues à Vince ; mais au lieu de n'employer qu'une vitesse de 0,66 pieds par seconde, il fit usage d'une vitesse vingt-quatre fois plus considérable.

L'eau passait par un robinet dont le tuyau avait 5 pouces de longueur, et la vitesse du fluide se trouvait égale à celle qu'il aurait eue en tombant de la hauteur de la surface du bassin, tandis que, par un simple orifice, cette vitesse n'aurait été égale qu'à celle due à la moitié de cette hauteur, c'est-à-dire qu'elle aurait été diminuée dans le rapport de racine carrée d'un demi. Le liquide décrivait une parabole très-régulière, dont l'abscisse était de 15,85 pouces, et l'ordonnée de 50 pouces, ce qui donnait pour le paramètre 180,5 pouces, et pour la vitesse de projection 189,6 pouces. La plaque était à un pouce de l'orifice.

Maintenant, soit

$v$ la vitesse du liquide au sortir du tuyau,

$a$ l'aire de la section de ce même tuyau,

$l$ la longueur du cylindre d'eau chassée, dont la base égale $a$,

et $m$ la quantité du liquide écoulé dans le temps $t$ : on a

$$v : l :: 1 : t$$

Mais

$$al = m,$$

par conséquent

$$a = \frac{m}{vt}.$$

Dans l'exemple ci-dessus, $t = 20$, $m = 170,65$ pouces cubes, et $v = 189,6$ pouces. On trouvera donc $a = 0,045$ pouces.

———

*Expériences avec un liquide se mouvant contre une surface.*

| Angles. | | Résistances. | | |
|---|---|---|---|---|
| Degrés. |  | Onces. | Deniers. | Grains. |
| 90. | . . . . . . . . . . . | 1 | 17 | 12 |
| 80. | . . . . . . . . . . . | 1 | 17 | » |
| 70. | . . . . . . . . . . . | 1 | 15 | 12 |
| 60. | . . . . . . . . . . . | 1 | 12 | 12 |
| 50. | . . . . . . . . . . . | 1 | 18 | 10 |
| 40. | . . . . . . . . . . . | 1 | 4 | 10 |
| 30. | . . . . . . . . . . . | 0 | 18 | 18 |
| 20. | . . . . . . . . . . . | 0 | 12 | 12 |
| 10. | . . . . . . . . . . . | 0 | 6 | 4. |

D'après la théorie, les chocs d'un fluide contre une surface de grandeur déterminée sont entre eux comme les carrés des sinus des angles d'inclinaison; mais si c'est la section transversale de la veine fluide qui reste constante, les surfaces pressées sur un plan seront en raison inverse des sinus des angles d'inclinaison : ainsi, dans ce cas, les chocs d'un fluide à section transversale constante contre une surface plane seront simplement entre eux comme les sinus des angles d'inclinaison. Cette dernière règle donne :

| Degrés. | Résistances. | | | Différences. |
|---|---|---|---|---|
| | Onces. | Deniers. | Grains. | |
| 90. | 1 | 17 | 12. | 0 |
| 80. | 1 | 16 | 20. | — 4 |
| 70. | 1 | 15 | 6. | — 6 |
| 60. | 1 | 12 | 11. | — 1 |
| 50. | 1 | 8 | 17. | + 7 |
| 40. | 1 | 4 | 2. | — 8 |
| 50. | » | 18 | 18. | 0 |
| 20. | » | 12 | 19. | + 7 |
| 10. | » | 6 | 12. | + 8. |

Les différences trouvées ne dépassant pas les limites de l'incertitude dans ce genre d'essais, témoignent l'exactitude de l'observateur, et donnent un nouveau degré de probabilité à l'opinion que l'on a émise sur la non-concordance, pour la résistance de l'air, des résultats trouvés au moyen du cabestan et d'un corps qui se meut en ligne droite. Vince a trouvé, en outre, que la résistance était comme le carré des hauteurs de la surface du bassin au-dessus du robinet.

* * *

### Expériences de Hutton.

Au moyen du pendule, Hutton ne put mesurer les vitesses au-dessous de 500 pieds, parce que, avec une vitesse moindre, les boulets entrent difficilement dans le pendule; le plus souvent ils rejaillissent en arrière, et rendent ainsi nuls les résultats de l'expérience. Il se servit, pour mesurer les résistances des vitesses plus petites, de la machine à rotation de Robins, qui est à peu près la même que celle employée par Borda dans les expériences que nous avons rapportées précédemment.

Le cylindre sur lequel le poids s'enroulait avait 2,06 pouces de diamètre.

Rayon de la circonférence parcourue par l'hémisphère, 53,54 pouces.

Circonférence parcourue par le centre de la surface, 335,14 pouces.

Longueur présumée du bras jusqu'à la surface mise en expérience, 49,5 pouces.

Hauteur moyenne du baromètre pendant toutes les expériences, 50,1 pouces.

Thermomètre Farenheit, 60 degrés.

Rapport du poids de l'eau à celui de l'air, 1 : 840.

Pour rendre tout parfaitement identique, on a eu la précaution de remplacer chaque figure mise en expérience par un poids de plomb quand on a voulu éprouver la résistance de la machine.

| | POIDS RÉGULIERS. | | | RÉSISTANCES RÉELLES. | | RAPPORTS. |
|---|---|---|---|---|---|---|
| | Base. | Hémisph. | Plomb. | Base. | Hémisph. | |
| pieds. | onces. | onces. | onces. | onces. | onces. | |
| 3 | 3,8 | 2,2 | 1,2 | 2,6 | 1 | 2,60 |
| 4 | 6,1 | 3,4 | 1,4 | 4,7 | 2 | 2,35 |
| 5 | 9,3 | 4,9 | 1,7 | 7,6 | 3,2 | 2,37 |
| 6 | 12,7 | 6,6 | 2,0 | 10,7 | 4,6 | 2,37 |
| 7 | 17 | 8,7 | 2,5 | 14,5 | 6,2 | 2,54 |
| 8 | 22 | 11,0 | 3,0 | 19 | 8 | 2,58 |
| 9 | 28 | 13,5 | 3,5 | 24,5 | 9,8 | 2,50 |
| 10 | 34 | 15,8 | 4,2 | 29,8 | 11,6 | 2,59 |
| 11 | 40 | 19 | 5,2 | 34,8 | 13,8 | 2,52 |
| 12 | 48 | 23 | 6,0 | 42 | 17 | 2,47 |
| 13 | 56 | 27 | 6,8 | 49,2 | 20,2 | 2,41 |
| 14 | 64 | 31 | 7,8 | 56,2 | 23,2 | 2,42 |
| 15 | 75 | 35 | 8,6 | 64,4 | 26,4 | 2,44 |
| 16 | 84 | 40 | 10 | 74 | 30 | 2,41 |
| 17 | 101 | 45 | 11 | 90 | 34 | 2,65 |
| 18 | 112 | 50 | 12 | 100 | 38 | 2,63 |
| 19 | 121 | 57 | 14 | 107 | 43 | 2,49 |
| 20 | 140 | 64 | 15 | 125 | 49 | 2,55 |

Il faut observer que tous ces poids doivent être

divisés par 51,1 pour les rapporter au centre de l'hémisphère.

Le diamètre de l'hémisphère était de 6 pouces $\frac{3}{4}$.

On voit, par ces expériences, que la résistance sur la base est à celle sur la partie convexe comme 2,47 est à 1. C'est le rapport obtenu par Borda.

Voici les expériences faites par Hutton sur la résistance de l'air, avec la pièce n° 2, et au moyen du pendule balistique placé à différentes distances.

A cet effet, on fit un mélange de poudre fraîche, tirée de trois barils ; on fondit des boulets bien ronds et bien unis, de 2 pouces de diamètre, et ayant très-peu de vent ; leurs poids étaient de 18 onces, à une ou deux drachmes près : les charges étaient renfermées dans des sachets de flanelle.

Distance du centre de gravité à l'axe, 79 pouces.

Nombre d'oscillations en 10 minutes, 401.

Poids du pendule et de sa tige, 839 livres et demie ; baromètre, 50,30 pouces ; thermomètre, 58 degrés ; moyennes de trois expériences,

| Distance de la pièce au pendule. | Charge de 8 onces. | Charge de 2 onces. |
|---|---|---|
| 50 pieds. | 1702. | 971 |
| 90. | 1632. | 934 |
| 150. | 1553. | 904 |
| 210. | 1492. | 876 |
| 300. | 1400. | 834 |
| 370. | » | 806 |
| 378. | 1277. | » |

Pour la charge de 8 onces, l'avant-dernier résultat n'est que la moyenne de deux coups, et le dernier que d'un seul.

Les expériences précédentes ont été faites du 12 au 13 septembre 1787, et les suivantes sont les résultats moyens de celles faites en août 1788 avec la pièce n° 2 et des boulets pesant 16 onces 10 drachmes, et ayant 1,965 pouces de diamètre ; on trouve, après avoir omis les résultats évidemment irréguliers,

| Distance de la pièce au pendule. | Charge de 8 onces. | Charge de 2 onces. |
|---|---|---|
| 30 | 877 | 1587 |
| 60 | 850 | 1550 |
| 120 | 844 | 1510 |
| 180 | 804 | 1456 |
| 240 | 784 | 1368 |
| 300 | 765 | 1317 |
| 360 | 735 | 1276 |

Tableau (*b*) des vitesses déterminées par expérience.

Boulets de 1,95 pouces de diamètre. Poids des boulets, 16,68 onces.

| Distances. | 16 onces. | 12 onces. | 4 onces. | 5 onces. | 1 once. | 12 drachm. | 8 drachm. | 6 drachm. | 4 drachm. |
|---|---|---|---|---|---|---|---|---|---|
| 30 | 2088 | 1857 | 1346 | 1185 | 645 | 546 | 449 | » | 309 |
| 60 | 1974 | » | 1324 | 1110 | 635 | 544 | 423 | 578 | 287 |
| 120 | 1896 | » | 1248 | 1072 | 613 | 523 | 419 | 556 | 277 |
| 180 | 1781 | » | 1182 | 1053 | 612 | 518 | 407 | 559 | » |
| 240 | 1727 | » | 1129 | 1008 | 602 | » | » | » | » |
| 300 | 1648 | 1572 | 1077 | 956 | » | » | » | » | » |
| 360 | 1582 | 1492 | 1034 | 956 | » | » | » | » | » |

( 208 )

Sommaire des deux séries d'expériences faites en 1789 avec la pièce de 5 longue. Poids des boulets, 5 livres; diamètre des boulets, 2,78 pouces; baromètre, 30 pouces; longueur de la pièce, 69 pouces; calibre d'*idem*, 2,94 pouces.

| Distances. | 24 ONCES. | 16 ONCES. | 12 ONCES. | 8 ONCES. | 4 ONCES. |
|---|---|---|---|---|---|
| 30 | 1722 | 1568 | 1291 | 1061 | 670 |
| 80 | 1695 | 1475 | 1243 | 1048 | 669 |
| 130 | 1604 | 1471 | 1222 | 1015 | 650 |
| 180 | 1578 | 1410 | 1211 | 1015 | 641 |
| 250 | 1546 | 1384 | 1200 | 960 | 652 |
| 530 | 1498 | 1310 | 1105 | 922 | » |
| 430 | 1300 | 1219 | » | 895 | » |

*Pièce de* 6. Longueur, 57 pouces et demi; calibre, 3,67 pouces; poids des boulets, 6 livres une once et demie; diamètre d'*idem*, 3,55 pouces; baromètre, 30 pouces.

| Distances. | 48 ONCES. | 52 ONCES. | 24 ONCES. | 16 ONCES. |
|---|---|---|---|---|
| 30 | 1792 | 1650 | 1521 | 1506 |
| 115 | 1755 | 1650 | 1454 | 1274 |
| 200 | » | 1504 | 1366 | 1204 |
| 285 | 1644 | 1522 | 1512 | 1142 |

En désignant par R la résistance de l'air, et par $g$ la gravité, on a, pour les équations différentielles du mouvement des projectiles dans l'air,

$$d\left(\frac{dy}{dt}\right) = -\frac{R\,dy\,dt}{ds} - gdt$$

$$d\left(\frac{dx}{dt}\right) = -\frac{R\,dx\,dt}{ds}.$$

Dans l'hypothèse de la résistance proportionnelle au carré de la vitesse, on a $R = N v^2$, et pour déterminer $N$, nous devons nous servir des expériences précédentes.

Nous supposerons que, dans ces expériences, le projectile ait décrit une ligne droite, ce qui donne $v = \frac{dx}{dt}$, et en désignant par $f$ la vitesse élémentaire répétée autant de fois qu'il y a d'instans $dt$ dans l'unité de temps, on aura encore $f = \frac{1}{dt}\,dv$.

Eliminant $dt$ entre ces deux dernières équations, il vient

$$v\,dv = f\,dx.$$

Dans le cas du mouvement du projectile en ligne droite, la vitesse ne variant qu'à cause de la résistance de l'air, $f$ doit être égal à la résistance élémentaire de l'air, ou à $N v^2$.

Nous avons donc

$$v\,dv = -N v^2\,dx,$$

équation qui donne, par l'intégration,

$$\log v = - \mathrm{N}x + \mathrm{C}.$$

Quand $x = o$, $v = \mathrm{V}$ ou la vitesse initiale, et la formule devient

$$\log \mathrm{V} - \log v = \mathrm{N}\,x,$$

d'où

$$\mathrm{N} = \frac{\log \mathrm{V} - \log v}{x},$$

Ainsi, la valeur de N est égale à la différence des logarithmes népériens de la vitesse initiale et de la vitesse finale, divisée par l'espace parcouru.

Cette formule, appliquée aux expériences du mois de septembre 1787, donne, pour 2 onces, la valeur de N

$$0,000483,$$

et pour 8 onces, celle

$$0,00879.$$

Moyenne : 0,000681 (1).

Les expériences de 1788 donneront la valeur moyenne

$$0,000616\,(2).$$

Du tableau (p. 207) on conclura, pour la charge de
16 onces, la valeur de N. . . . . 0,000871
12. . . . . . . . . . . . . . . . . . . 0,000724
4. . . . . . . . . . . . . . . . . . . 0,000778
5. . . . . . . . . . . . . . . . . . . 0,000857
2. . . . . . . . . . . . . . . . . . . 0,000570
1. . . . . . . . . . . . . . . . . . . 0,000513
12 drachmes. . . . . . . . . . . . . 0,000877
6. . . . . . . . . . . . . . . . . . . 0,000500
4. . . . . . . . . . . . . . . . . . . 0,001318.

Pour avoir la valeur moyenne de $N$, il faudra multiplier chaque valeur particulière par le nombre des résultats particuliers qui ont concouru à la former : ainsi, l'on multipliera le premier résultat par 6, le second par 2, etc ; et, en divisant la somme des produits partiels par la somme des multiplicateurs, on trouvera la moyenne 0,000766.

### Pièces de 3 livres de balles.

Du tableau (p. 208) on déduira, pour
la charge de 24 onces, la valeur de $N'$. 0,000628

      16. . . . . . . . . . . . . . . . 0,000587

      12. . . . . . . . . . . . . . . 0,000453

      8 . . . . . . . . . . . . . . . 0,000448

      4 . . . . . . . . . . . . . . . 0,000178,

d'où la moyenne (4). . . . . 0,000479.

### Pièces de 6 livres.

Avec le tableau (p. 208) on trouvera, pour la charge
de    3 livres, la valeur de $N$. . 0,000509

      2. . . . . . . . . . . . . . . 0,000405

      1,5. . . . . . . . . . . . . . . 0,000497

      1 . . . . . . . . . . . . . . . 0,000526,

d'où la moyenne

          0,000446.

———

### Examen de la loi de N par rapport aux différens calibres.

Avec la moyenne 0,000681, on avait des boulets pesant 18 onces et ayant 2 pouces de diamètre ; et, en supposant que les résistances augmentent dans le simple rapport des surfaces, la valeur de N, pour un projectile d'un pied de diamètre, sera

$$0,02757 \ (6),$$

et elle sera

$$0,02386 \ (7),$$

avec la moyenne (2), obtenue avec des boulets pesant 16 onces 10 drachmes, et ayant un diamètre de 1,965 pouces ou de 0,1638 pieds.

De la moyenne (3), qui provient des boulets ayant un diamètre de 1,95 pouces ou de 0,1625 pieds, et pesant 1,043 livres, on déduira la valeur

$$0,03094 \ (8).$$

Multipliant chacune de ces valeurs par le nombre des vitesses qui ont concouru à la former, nous trouverons la moyenne

$$0,02892 \ (9).$$

La moyenne 0,000479 de la pièce de 3 longue, dont les boulets pesaient 3 livres et avaient un diamètre de 0,2317 pieds, a donné, pour le boulet d'un pied de diamètre,

$$0,02677 \ (10);$$

et

$$0,03106 \ (11)$$

sera cette même valeur, déduite au moyen de la pièce de 6 livres de balles, ayant des boulets de

0,2958 pieds de diamètre, et pesant 6,094 livres.

0,02892 (12) est la moyenne des trois valeurs (9), (10), (11), et donne la résistance d'un boulet ayant 1 pied de diamètre et 1 pied de vitesse, et cela à la pression de 30 pouces et à la température de 57° Farenheit.

----

### Comparaison des résistances avec le cabestan, et de celles avec le pendule.

Borda donne, pour le rapport des résistances des surfaces carrées ayant les côtés de 9, 6, 4 pouces, les nombres 5973, 2458 et 1000. Pour nous, nous n'avons trouvé, pour ces mêmes résistances absolues, que

$$0,0013445 \qquad 0,0005285 \qquad 0,0002322.$$

Ces résistances croissent dans un plus grand rapport que les surfaces, et donnent l'exposant 2,177.

Hutton a reconnu lui-même que les résistances qu'éprouvent les mobiles croissent dans un plus grand rapport que celui de leurs surfaces, et que pour des figures semblables, cet accroissement n'est que d'un trentième.

Nous venons de voir précédemment que cet accroissement n'a pas lieu d'une manière très-sensible pour les boulets de différens diamètres.

En appliquant l'exposant 2,2 aux expériences de

Borda, nous aurons, pour la résistance d'une surface carrée ayant 1 pied de côté, les trois valeurs 0,002534, 0,002427, 0,002726, qui donnent la moyenne 0,002562 : d'où l'on tirera, pour la résistance d'une surface circulaire d'un pied de diamètre.

$$0,001964;$$

et, en divisant par 2,456, rapport moyen de la résistance de la sphère et d'un de ses grands cercles, on aura pour celle de la sphère d'un pied de diamètre,

$$0,0007997;$$

et cela à la pression de 28 pouces et à la température de 4 degrés, thermomètre Réaumur.

Et par une formule de M. d'Obenheim, que l'on trouve dans sa balistique, quand l'atmosphère est dans cet état, le pied cube d'air pèse 0,086458, tandis qu'à la même pression et à la température de 14 degrés, il ne pèse que 0,084795; et, dans ce dernier cas, la résistance de la sphère n'est que de 0,0007825.

Pour trouver le coefficient de la résistance de l'air, au moyen des expériences faites par Hutton avec le cabestan, nous avons divisé chacune de ces résistances par sa vitesse respective élevée au carré, et nous avons trouvé, pour la sphère qui a 1 pied de vitesse par seconde et un diamètre de 6,375 pouces, une résistance moyenne de 0,12066 onces ou de 0,0075035 livres. Rapportant à présent la résistance de l'hémisphère à son centre, en divisant cette dernière valeur par 51,1, nous auron

0,0001468 livres pour la résistance d'une sphère qui a 6,375 pouces de diamètre ; et 0,005903 pour celle qui aurait 1 pied de diamètre ; et cela à la pression de 30,1 pouces et à la température de 60 degrés du thermomètre Farenheit. Dans le même état de l'atmosphère pour un projectile français, l'on aura 0,0007372 , et à la pression de 28 pouces et à 15 degrés Réaumur... 0,0007332.

Si dans les expériences de Borda l'on avait pris 2,48 pour le rapport de la résistance de la sphère à son grand cercle, l'on aurait trouvé 0,0007749 : cette différence de résistance est peut-être due à la différence de la résistance des surfaces carrées et circulaires.

Il n'y a pas de comparaison immédiate à faire entre la valeur du coefficient de la résistance de l'air, déduit au moyen du cabestan, et celui déduit au moyen du pendule.

Dans le premier cas, le coefficient exprime le poids en livres, qui serait équilibre à une surface sphérique d'un pied de diamètre, et animée d'une vitesse uniforme d'un pied par seconde.

Dans le cas du pendule ou des projectiles mus dans l'air, le coefficient de la résistance de l'air exprime la perte de vitesse éprouvée par le mobile, après avoir parcouru un espace d'une longueur égale à l'unité de mesure. En effet, si dans la formule

$$N = \frac{\log V - \log v}{x},$$

on change l'unité de mesure, le numérateur ne

changera pas   et le dénominateur variera comme
l'unité de mesure adoptée.

---

## Résistance suivant les différentes densités des fluides.

Au lieu de chercher si les expériences de Borda
sur l'eau, faites au moyen du cabestan, confir-
maient le principe de la résistance des fluides en
raison directe de leur densité, nous avons préféré
extraire les passages suivans des principes mathématiques de la philosophie naturelle de Newton,
traduite par M^me du Chatelet. « Il est clair, par ces
expériences (*de Saint - Paul* de Londres), que
lorsque ces globes tombaient lentement, les temps
de leurs chutes s'accordaient avec ceux de la théorie, mais que lorsqu'ils tombaient plus vite, la résistance qu'ils éprouvaient était un peu plus grande
que dans la raison des carrés des vitesses :... car ces
globes oscillaient un peu en tombant, et ces oscillations cessent bientôt dans les globes légers, qui
tombent lentement, à cause du peu de mouvement ;
mais dans les globes plus grands et plus pesans,
elles durent plus long-temps, à cause que le mouvement a plus de force, et ce mouvement oscilla-
toire ne peut être arrêté par l'eau qui environne le
globe qu'après que le corps a fait plusieurs oscillations. Il se peut encore faire que les globes soient
moins pressés par le fluide vers leurs parties pos-

térieures lorsqu'ils ont plus de vitesse ; et si l'on augmentait continuellement la vitesse , ils laisseraient à la fin un espace vide derrière eux, à moins que l'on n'augmentât en même temps la compression du fluide. Or la compression du fluide doit augmenter en raison doublée de la vitesse , pour que la résistance soit dans cette même raison doublée ; mais comme cela n'arrive pas , les globes qui ont plus de vitesse sont un peu moins pressés par leurs parties postérieures , et le défaut de cette pression fait que la résistance qu'ils éprouvent est un peu plus grande que dans la raison doublée de la vitesse.

« Notre théorie représente donc presque exactement toute la résistance qu'éprouvent les globes mus , tant dans l'eau que dans l'air, et cette résistance est proportionnelle (lorsque les vitesses des globes sont égales, ainsi que leurs grandeurs), à la densité des fluides.

« Les projectiles excitent donc du mouvement dans les fluides lorsqu'ils s'y meuvent , et ce mouvement vient de l'excès de pression des parties antérieures du fluide, sur la pression que les parties postérieures éprouvent, et il ne peut pas être moindre dans les milieux infiniment fluides, que dans l'air, l'eau et le vif-argent, à raison de la quantité de matière que chacun contient ; mais cet excès de la pression n'excite pas seulement , à raison de sa quantité , un mouvement dans le fluide , il agit encore sur le projectile pour retarder son mouvement , et par conséquent la résistance dans tout fluide est comme le mouvement excité dans ce fluide par le projectile, et elle ne peut pas être moindre dans un milieu rempli de matière éthérée, à raison de sa densité, que dans l'air, dans l'eau et le vif-argent, à raison de la densité des fluides ». Le sujet est assez important pour que l'on se croie obligé de donner l'opinion de Lombard.

*Opinion de Lombard sur la résistance de l'air.*

« ..... On voit d'abord que si le projectile est terminé antérieurement par un plan perpendiculaire à la direction du mouvement, chaque particule rencontrée par le mobile est nécessairement poussée en avant et serait entraînée suivant cette direction, s'il ne se présentait pas successivement d'autres particules qui obligent les premières à se détourner, à se porter dans tous les sens vers les bords du plan, et de là refluer vers la partie postérieure du mobile ; il arrive même que la plupart de ces particules, avant que le mobile ait pu les atteindre et les choquer immédiatement, sont forcées de se déplacer, et ne participent à l'impulsion du plan choquant que par le moyen d'autres molécules intermédiaires qui en modifient les effets. De là naît une variété et une complication de mouvemens que l'esprit entrevoit, mais que le calcul ne peut ni saisir ni assujettir à ses lois.

« Si le mobile est terminé en avant par un plan oblique à la direction du mouvement, il semble au premier coup d'œil qu'il devrait avoir moins de peine à surmonter les obstacles qu'il rencontre sur son chemin; que les particules du fluide céderont plus facilement à son impression, se gêneront moins dans les divers mouvemens qu'elles seront obligées de prendre, gagneront avec plus de facilité les bords du plan choquant, pour se porter en arrière du mobile, et que, s'accumulant moins en avant, elles feront moins d'effort pour en retarder le mouvement, et d'autant moins que l'obliquité du plan serait plus grande. Mais il se présente ici une circonstance plus propre à augmenter la résistance qu'à la diminuer : c'est que la facilité que les particules du fluide ont à s'échapper d'un côté du plan oblique est compensée par la difficulté qu'elles éprouvent à refluer de l'autre.... On voit donc qu'il s'en faut de beaucoup que la résistance du fluide contre le mouvement d'un plan oblique soit égale et uniforme sur toute l'étendue de ce plan; elle est plus grande dans l'angle aigu que le plan forme avec la direction du mouvement que dans l'angle obtus, avec une différence qui dépend de la vitesse du plan, de sa grandeur, de son inclinaison et de la nature du fluide.

« Lorsque la surface antérieure du mobile est courbe, il est clair que l'effort de la résistance du fluide s'exerce contre une infinité de plans diversement inclinés. On peut donc appliquer à chacun d'eux ce que l'on vient de dire dans l'article précédent; mais on voit en même temps que les particules du fluide, rencontrées par un quelconque de ces petits plans, doivent être moins gênées par les particules exposées au choc des plans circonvoisins, parce que celles-ci, à raison d'une obliquité différente, s'échappent plus facilement à l'impulsion du fluide : d'où il résulte, sur la totalité de la surface courbe, une résistance moindre que si elle était plane. De là doivent naître aussi tous les effets mentionnés ci-dessus, combinés à l'infini, et modifiés selon les différentes inclinaisons des petits plans qui composent la surface courbe du mobile. Ces modifications, quoique indispensables à connaître, n'étant point d'une nature à pouvoir être suffisamment appréciées et soumises au calcul, on ne peut avoir sur la résistance des fluides que des théories imparfaites. L'expérience le prouve, et il est facile d'en rendre raison, en appliquant aux lois prescrites par la théorie ordinaire les différentes remarques que nous venons de faire.

« La première de ces lois est que, toutes choses d'ailleurs égales, *la résistance d'un fluide contre des plans de différentes grandeurs perpendiculaires à la direction du mouvement est proportionnelle à l'étendue de ces plans.* Ce principe, fondé uniquemment sur ce que la résistance est proportionnelle au nombre des particules frappées en même temps, est évidemment faux : car, outre le nombre des particules, il est clair que la difficulté qu'elles trouvent à se détourner et se porter vers les bords du plan doit augmenter avec l'étendue de ce plan, et rendre la résistance plus grande que ne le comporte le rapport de la grandeur des plans

Pour que ce rapport pût avoir lieu, il faudrait que les particules du fluide, à mesure qu'elles sont choquées par le plan, fussent tout à coup anéanties ou subitement jetées hors de l'étendue du plan, afin qu'elles ne pussent ni empêcher ni modifier l'effet de l'impulsion de ce plan sur les particules suivantes et la réaction de celles-ci. Une pareille hypothèse n'étant point admissible, la résistance d'un fluide contre des plans de différentes grandeurs ne peut être proportionnelle à l'étendue de ces plans; elle augmente nécessairement dans un plus grand rapport que les plans, et il est à observer que cette augmentation dépend de la vitesse du plan choquant et de la nature du fluide ; qu'elle est moindre dans un fluide rare et élastique, et qu'elle diminue avec la vitesse du plan.

« La seconde loi de la résistance des fluides est que, *contre des plans différemment inclinés, la résistance est proportionnelle au carré des sinus des angles d'inclinaison*. Cette loi suppose, comme la première, que la résistance est égale et uniforme sur toute l'étendue du plan choquant, et ne dépend que du nombre des particules qu'il rencontre dans le même temps. Or nous avons vu que les choses ne se passent point ainsi dans le choc, soit direct, soit oblique. Ce choc excite dans le fluide une infinité de mouvemens qui se gênent mutuellement, s'altèrent, se modifient, et rendent par conséquent la loi de résistance contre les plans obliques beaucoup plus compliquée que ne l'est la raison doublée des sinus des angles d'inclinaison....

« La résistance d'un fluide contre une surface courbe se calcule ordinairement d'après les propriétés de la courbe indiquée par son équation, et sur le principe d'une résistance proportionnelle au carré des sinus des angles d'inclinaison. Le moindre défaut de cette méthode est de donner la même résistance pour une surface concave que pour une surface convexe de même courbure, ce qui est contre toute vraisemblance. Mais il serait facile d'éviter ce défaut en n'appliquant la méthode qu'à des surfaces convexes, si elle n'était d'ailleurs fondée sur un principe erroné, celui de la résistance en raison doublée des sinus des angles d'inclinaison, dont nous venons de faire voir la fausseté.

« Une autre loi de la résistance des fluides, celle qu'il nous importe le plus de bien connaître, concerne le rapport des résistances du même fluide contre le même mobile qui s'y meut avec différens degrés de vitesse. Ce rapport est, dit-on, celui des carrés des vitesses ; c'est-à-dire qu'à une vitesse double, triple, quadruple, le fluide oppose une résistance quatre fois, neuf fois, seize fois plus grande. Voici la raison qu'on en donne : la résistance est proportionnelle au nombre de particules déplacées dans le même temps, et ce nombre est comme l'espace parcouru pendant ce temps, c'est-à-dire comme la vitesse. De plus, elle est proportionnelle à la force avec laquelle chaque particule est frappée, et cette force est aussi comme la vitesse du mobile, dont la résistance est en raison doublée, ou comme le carré de la vitesse. Quoique

dans ce raisonnement on fasse abstraction des
principales circonstances, il est cependant à présumer que, s'agissant ici du même mobile, de la
même surface choquante, du même fluide, et n'y
ayant de différence que dans la vitesse, il est, dis-je,
à présumer que cette loi s'écarte moins de la vérité
que les précédentes. Si elle pèche en quelques
points, c'est qu'en l'employant pour comparer les
effets de la résistance des vitesses trop différentes
entre elles, par exemple, la vitesse d'un mouvement très-lent et celle d'un mouvement très-rapide,
on trouverait pour le mouvement rapide une résistance trop faible, si on la déduisait par cette
règle de la résistance que le fluide oppose à un
mouvement lent. Au reste, tout cela dépend de la
nature du fluide : s'il est élastique, le principe en
question donnera des résultats d'autant plus appro-
chans de la vérité que l'élasticité sera plus grande ;
car c'est en vertu du degré d'élasticité dont le fluide
est doué que ses particules se remettent plus ou
moins promptement dans l'équilibre rompu par le
choc, et qu'elles refluent plus ou moins facilement
en arrière du mobile. Il est vrai que, cette même
propriété rendant le fluide compressible, il peut
arriver que le mouvement soit assez rapide, et la
vitesse du mobile assez grande pour accumuler les
particules du fluide sur la partie antérieure, avant
qu'elles puissent se détourner, augmenter ainsi la
densité du fluide, et par conséquent sa résistance.
La vitesse du mouvement peut même être telle, que
le fluide ne puisse point remplir dans le même

instant l'espace que le mobile vient d'abandonner.
Il est clair qu'alors si le fluide est de l'air, outre
l'augmentation de résistance occasionée par une
plus grande densité, le corps aura encore toute la
pression de l'atmosphère à soutenir. La moindre
vitesse nécessaire à cet effet est due à une hauteur
de 850 fois 32 pieds, ou est de 1282 pieds par seconde, en supposant la pression de l'atmosphère
équivalente au poids d'une colonne d'eau de 32
pieds de hauteur, et l'eau 850 fois plus dense que
l'air. Cette vitesse de 1282 pieds par seconde est
celle avec laquelle l'air, en vertu de son élasticité
ou de la pression de l'atmosphère, pénètre un espace vide. Ainsi, dès que la vitesse du mobile ex-
cède 1282 pieds par seconde, la pression de l'atmosphère concourt avec la résistance pour ralentir
son mouvement, et l'on voit sans peine que dans
le cas d'une vitesse moindre, le mobile n'a plus
qu'une partie de cette pression à surmonter. Cette
quantité, qui doit s'estimer sur la différence entre
la densité du fluide en avant et en arrière du mobile, disparaît enfin lorsque la densité du fluide est
uniforme autour du corps, ce qui ne peut avoir
lieu que dans le cas d'un mouvement lent, ou lorsque l'élasticité du fluide est assez grande pour que
l'équilibre rompu par le choc soit aussitôt rétabli
entre les particules du fluide. C'est dans ce dernier
cas seulement que l'on peut strictement admettre la
loi de la résistance proportionnelle aux carrés des
vitesses. En tout autre cas, la densité du fluide en
avant du mobile variant avec la vitesse, c'est comme

si le corps traversait successivement des milieux différemment denses, dont la densité diminuerait par gradation, à mesure que le mouvement se ralentit : or il est clair que cette supposition exclut celle d'une densité uniforme sur laquelle est fondée la règle d'une résistance proportionnelle aux carrés des vitesses... »

En transcrivant l'opinion de Lombard, nous avons fait connaître celle de la plupart des auteurs de balistique jusqu'à nos jours. Les expériences de Hutton démontrent évidemment que toutes les fois que la vitesse du mobile est plus grande que celle avec laquelle l'air, en vertu de son élasticité ou de la pression de l'atmosphère, entre ou se précipite dans le vide, la résistance n'éprouve pas une pression relative beaucoup plus considérable que pour les vitesses moindres, et que les résistances suivent une marche assez régulière par rapport à celle des vitesses. Il serait à désirer que le pendule qui servait à mesurer les vitesses eût pu continuer de le faire quand elles étaient inférieures à celle de quatre à cinq cents pieds; malheureusement Hutton n'a pas pensé à mettre en usage l'appareil de Mathei, que je pense assez praticable en grand. Ses projectiles, n'étant pas entièrement polis, et se trouvant plus ou moins raboteux, plus ou moins couverts de rouille, sont animés d'un mouvement de rotation assez rapide qui doit altérer beaucoup les effets de la résistance de l'air. Mais nous nous reservons de parler plus longuement sur cet objet dans le chapitre relatif aux déviations, inséré dans un ouvrage que nous nous proposons de publier après celui-ci.

———

*Détermination de l'exposant le plus exact à donner aux vitesses des corps pour les rendre proportionnelles à leurs résistances.*

Nous avons vu dans les articles précédens qu'en supposant les résistances proportionnelles au carré des vitesses, on avait trouvé des coefficiens qui différaient beaucoup entre eux, et qui, pour des vitesses de 20 pieds, pourraient n'être que le quarantième de ceux obtenus pour des vitesses de 1500 pieds; et, d'après l'opinion de Lombard, on peut penser que l'exposant des vitesses supposé égal à deux est trop faible, et doit donner effectivement l'irrégularité que l'on rencontre dans la pratique. On ignore entièrement quelle forme doit avoir la fonction susceptible de rendre les vitesses proportionnelles à leur résistance : ainsi l'on peut employer la plus simple de toutes, qui est celle que nous avons employée dans tout le cours de notre ouvrage. A notre avis, le meilleur de tous les exposans sera celui qui donnera, sur les différentes vitesses, les coefficiens de la résistance de l'air qui différeront le moins possible les uns des autres.

Reprenons l'équation

$$v\,dv = f\,dx,$$

et supposons

$$f = \mathrm{N} v^t ,$$

nous aurons

$$\frac{dv}{v^{t-1}} = - \mathrm{N}\, dx ,$$

qui donne en intégrant

$$\frac{1}{(t-2)} \cdot \frac{1}{v^{t-2}} = \mathrm{N}\, x + \mathrm{C}.$$

Quand $x$ égale zéro, $v$ égale $\mathrm{V}$ ou la vitesse initiale : on a donc

$$\mathrm{N} = \frac{1}{(t-2)\, x} \left( \frac{1}{v^{(t-2)}} - \frac{1}{\mathrm{V}^{(t-2)}} \right).$$

---

*Pièce d'une livre de balle; expériences de 1787.*

| EXPOSANS. | COEFFICIENS CORRESPONDANS à | |
| --- | --- | --- |
| | HUIT ONCES. | QUATRE ONCES. |
| 2,00 | 0,000879 | 0,000485 |
| 2,22 | 0,000143 | 0,000103 |
| 2,25 | 0,000116 | 0,000102 |
| 2,5 | 0,000777 | 0,000074 |

*Expériences de 1788.*

| EXPOSANS. | COEFFICIENS CORRESPONDANS à | |
| --- | --- | --- |
| | HUIT ONCES. | QUATRE ONCES. |
| 2,1 | 0,000331 | 0,000292 |
| 2,2 | 0,000159 | » |
| 2,25 | 0,000110 | 0,000096 |
| 2,3 | 0,000075 | 0,000683 |

*Tableau* (b).

| CHARGES. | COEFFICIENS CORRESPONDANS AUX EXPOSANS | | |
| --- | --- | --- | --- |
| | 2 | 2,25 | 2,3 |
| 16 onces. | 0,000871 | 0,0001320 | 0,0000877 |
| 4 | 0,000778 | 0,0001622 | 0,0000979 |
| 5 | 0,000837 | 0,0001192 | 0,0000843 |
| 1 | 0,000313 | 0,0000641 | 0,0000476 |
| 12 drachmes. | 0,000877 | 0,0000808 | 0,0000601 |
| 8 | 0,000560 | 0,0001452 | 0,0000975 |

*Pièce de 5 livres de balle.*

| CHARGES. | COEFFICIENS CORRESPONDANS AUX EXPOSANS | | | |
|---|---|---|---|---|
| | 2 | 2,25 | 2,5 | 2,555 |
| 24 | 0,000628 | 0,0001168 | 0,0000740 | 0,0000545 |
| 16 | 0,000587 | 0,0000924 | 0,0000670 | 0,0000551 |
| 12 | 0,000453 | 0,0000760 | 0,0000590 | 0,0000423 |
| 8 | 0,000448 | 0,0000812 | 0,0000577 | » |
| 4 | 0,000178 | 0,0000324 | 0,0000287 | » |

*Pièce de 6 livres de balle.*

| CHARGES. | COEFFICIENS CORRESPONDANS AUX EXPOSANS | |
|---|---|---|
| | 2 | 2,5 |
| 3 livres. | 0,000309 | 0,0000530 |
| 2 | 0,000405 | 0,0000457 |
| 1,5 | 0,000497 | 0,0000557 |
| 1 | 0,000525 | 0,0000583 |

Pour la pièce d'une livre de balle, on voit que
c'est l'exposant 2,5 qui donne les coefficiens les
moins différens les uns des autres ; c'est la même
chose pour la pièce de 5 livres de balle, et l'on y

remarque, de plus, que l'exposant $\frac{7}{3}$ donne une approximation moindre que celui 2,5, et, pour la
pièce de 6 livres de balle, l'exposant 2,5 donne une
approximation au moins aussi grande que celui 2.
D'après ces considérations, nous adopterons l'exposant 2,5.

Les coefficiens différant beaucoup entre eux, on
sent toute l'exactitude que l'on doit apporter dans
la détermination de la moyenne : aussi la détermi-
nerons-nous par la méthode des probabilités.

Les expériences de 1787 donneront

$$0,0000759;$$

celles de 1788,

$$0,0000614;$$

le tableau (b),

$$0,0000838;$$

pour la pièce de 5,

$$0,0000603;$$

pour la pièce de 6,

$$0,0000505.$$

Réduisant ces coefficiens à ceux que l'on aurait
dû obtenir pour un projectile ayant 1 pied de diamètre et 1 pied de vitesse par seconde, les expériences de 1787 donneront

$$0,003074;$$

celles de 1788,

$$0,002767;$$

tableau (*b*),

$$0,003308.$$

En multipliant chacune des valeurs précédentes par le nombre des résultats qui ont concouru à les donner, et divisant la somme des produits par la somme des résultats, nous trouverons

$$0,003136$$

pour la moyenne provenant de la pièce d'une livre ;

$$0,003372,$$

sera la moyenne provenant de la pièce de 3 livres, et

$$0,003499$$

celle de la pièce de 6.

Ainsi les résistances éprouvées par les mobiles augmentent dans un plus grand rapport que les carrés de leurs diamètres. Pour l'exposant le plus convenable, on trouve 2,155, qui donne,

$$
\begin{aligned}
\text{avec } 1787, &\ldots\ldots\ldots\ 0,004058; \\
1788, &\ldots\ldots\ldots\ 0,003363; \\
\text{le tableau } (b), &\ldots\ldots\ldots\ 0,004395; \\
\text{la pièce de 3}, &\ldots\ldots\ldots\ 0,004226. \\
\text{Moyenne}. &\ldots\ldots\ldots\ 0,004230.
\end{aligned}
$$

Dans les recherches précédentes, on a dû remarquer qu'assez généralement le coefficient de la résistance diminuait dans le même sens que les vitesses ; ce qui pourrait faire croire que l'exposant 2,3 n'est pas assez fort.

Mais on n'en sera pas étonné, si l'on fait attention,

1° Que la formule qui donne la valeur de N a été calculée dans le cas où le projectile se meut en ligne droite ;

2° Que le projectile décrit toujours une ligne courbe,

3° Que cette ligne est d'autant plus courbe que la vitesse est moindre ;

4° Que l'espace réellement parcouru surpasse d'autant plus la distance de la pièce au pendule, que la vitesse est moindre ;

5° Que par conséquent les petites vitesses diminuent plus comparativement que les grandes ;

6° Que l'angle de choc du projectile avec le pendule est d'autant plus oblique que la vitesse est moindre, ce qui diminue considérablement la quantité de mouvement imprimé au pendule, et, par conséquent, la mesure de la vitesse finale, c'est-à-dire de la vitesse du projectile au moment du choc ;

7° Qu'enfin les irrégularités des petites vitesses sont plus considérables que celles des grandes.

# CHAPITRE VI.

*Des enfoncemens des projectiles dans différens milieux.*

PARMI les expériences faites par Hutton, avec le canon n° 2, pour connaître les enfoncemens des projectiles dans le bois, nous croyons que l'on ne peut avoir confiance que dans les résultats de celles qui eurent lieu le 10 septembre.

On se servait d'un bloc d'orme, couché et éloigné de la bouche de la pièce de 79 pouces : les enfoncemens avaient lieu dans le sens des fibres ; les boulets pesaient 16 onces 10 drachmes, et avaient un diamètre de 1,96 pouces. Les résultats sont les moyennes de 5 coups.

Avec les charges de

|  |  |  |
|---|---|---|
| 2 | 4 | 8 onces, |

on a obtenu les enfoncemens

|  |  |  |
|---|---|---|
| 6,9 | 13,5 | 21,2 pouces. |

Cherchant à vérifier la loi donnée par Hutton, que les enfoncemens des boulets sont proportionnels aux logarithmes des charges, on trouve les moyennes

|  |  |  |
|---|---|---|
| 6,91 | 13,81 | 20,72 pouces, |

et les rapports des erreurs sont

$$0,0014 \qquad 0,0252 \qquad 0,0129.$$

Moyenne 0,0125.

On a, pour les vitesses initiales données par ces mêmes charges,

$$823 \qquad 1192 \qquad 1546.$$

En cherchant à quelle puissance il faut les élever pour les rendre proportionnelles aux enfoncemens des boulets, on obtient la valeur de N... 1,78, qui diffère peu de l'exposant 2, désigné par Hutton.

De cet exposant, on tire la valeur de

$$\log \mathrm{B}... \quad 5,65114,$$

et les moyennes

$$6,93 \qquad 13,40 \qquad 21,27;$$

les rapports des erreurs,

$$0,0044 \qquad 0,0074 \qquad 0,0033.$$

Moyenne ....... 0,0050.

On a extrait du Traité de Carnot la table suivante, de la pénétration des boulets tirés de très-près.

| CALIBRES. | TERRES FORTES. | TERRES LÉGÈRES. | MAÇONNERIE. | BOIS DE CHÊNE. |
|---|---|---|---|---|
| | pieds. | pieds. | pieds. | pieds. |
| 4 | 3,625 | 4,25 | 0,833 | 2,5 |
| 8 | 4 | 5 | 1 | 3,25 |
| 12 | 5 | 6 | 1,333 | 3,333 |
| 16 | 11 | 13,3 | 2,833 | 5,333 |
| 24 | 12 | 14 | 3 | 4 |

En considérant les enfoncemens des projectiles,
comme une perte de vitesse, et en supposant que
la résistance éprouvée par le projectile croît comme
le carré de la vitesse et le carré de son diamètre,
on trouve, pour les terres fortes,

$$
\begin{aligned}
4 &\ldots\ldots\ldots\ldots\ldots\ 57,56 \\
8 &\ldots\ldots\ldots\ldots\ldots\ 65,59 \\
12 &\ldots\ldots\ldots\ldots\ldots\ 59,99 \\
16 &\ldots\ldots\ldots\ldots\ldots\ 50,02 \\
24 &\ldots\ldots\ldots\ldots\ldots\ 50,91 \ ;
\end{aligned}
$$

pour les terres légères,

$$
\begin{aligned}
4 &\ldots\ldots\ldots\ldots\ldots\ 48,93 \\
8 &\ldots\ldots\ldots\ldots\ldots\ 52,47 \\
12 &\ldots\ldots\ldots\ldots\ldots\ 49,98 \\
16 &\ldots\ldots\ldots\ldots\ldots\ 24,46 \\
24 &\ldots\ldots\ldots\ldots\ldots\ 24,78 .
\end{aligned}
$$

Dans ces calculs, on a toujours supposé que la vitesse des différens projectiles était de 1500 pieds par
seconde, et on a pris les diamètres et les densités
de Lombard. Le peu de différence obtenue pour
les calibres de campagne prouve que, pour les enfoncemens des projectiles dans les terres, on peut
les considérer avec assurance comme des pertes de
vitesse ; mais cette hypothèse n'est pas applicable
aux enfoncemens dans la maçonnerie et le bois.

Quand à la grande différence qui existe entre les
valeurs de N pour les gros calibres et pour les petits,
on ne peut en rendre aucune raison, parce que l'on
ignore la manière dont les expériences ont été

faites, et même si elles ont eu lieu à la même époque.

Pour le bois de chêne, les enfoncemens des différens boulets sont à peu près proportionnels à leurs diamètres.

———

*Expériences faites à Calais, par Fourcroy, en 1768, avec un fusil à munition du calibre de 16 balles à la livre et de 43 pouces 7 lignes de longueur à l'âme.*

La balle était d'une once, et la charge de 3 gros et demi de poudre de guerre très - bonne. Tous les coups ont été tirés à la distance de 9 pieds du bout du fusil à la surface du but. Chaque expérience a été répétée nombre de fois; on ne rapporte ici que les plus grands effets de 3 à 4 coups, qui ne diffèrent tout au plus que d'un pouce.

*Sables et terres douces mêlées de sable.*

Sable de mer, fort sec, présentant un plan vertical. . . . . . . . . . . . . . . . . . . . . . . . . . . . . . . . 3,5

       dans un sac de toile forte, non entassé et sans précautions.  3,5

       dans un tas de même sable humecté par la pluie. . . . . 4

       humecté par la pluie et mis dans un sac de toile forte, non entassé et sans précautions. . . . . . . . . . . . . . . 4

En se servant de morceaux de chandelle de suif
de même poids au lieu de balles, elles ont pénétré
à la même profondeur, mais en faisant un trou
plus large.

Sable mêlé de terre fertile, mouillée et re-
         muée . . . . . . 10

             dans un sac à terre. 10

Terre franche, infertile, mêlée d'un peu de
    sable, très-anciennement relevée d'un
    fossé, et fort sèche. . . . . . . . . . . . 5

*Idem*, également rassise, mais humectée par
    la pluie. . . . . . . . . . . . . . . . . . 9,5

*Idem*, relevée au louchet, et mise en para-
    pet sur-le-champ, fort abreuvée par la
    pluie. . . . . . . . . . . . . . . . . . . 15.

*Glaises, argiles*, etc.

Glaise à potier, vierge et très-peu humide. 15

*Idem*, battue sur-le-champ et entassée. . . 20

*Idem*, dans deux sacs à terre jointifs. . . . 20

*Idem*, coupée à plomb, remuée depuis envi-
    ron un mois, et fort humectée par les pluies
    pendant quinze jours. . . . . . . . . . . 27

*Idem*, dans trois sacs à terre jointifs. . . . 27

Terre forte, mélange naturel de moitié glaise
    et de moitié terre franche, non remuée. . 14

*Idem*, relevée en parapet sur-le-champ. . . 17

Terre fertile, très-douce et fine au toucher,
    mêlée d'argile, relevée de deux ans, plus
    sèche qu'humide. . . . . . . . . . . . . 15

*Idem*, dans un parapet très-ancien, et dé-

( 238 )

pouces.

pouillé de son gazon (distance de 15 toi-
    ses)............................................. 9

Terre à four jaune, de forte consistance, à
    un endroit fort sec et non rémué.......... 7

*Idem*, endroit un peu humide............. 8

*Idem*, nouvellement remuée, et sèche... 15

*Idem*, nouvellement rémuée, et humide.. 14

*Idem*, un peu mélangée de terre fertile,
    détrempée par la pluie, et mise sur-le-
    champ en parapet........................... 16

Terre franche, et noire de prairie, sans her-
    bes ni racines, non remuée................. 14

Parapet de terre fertile, bien imbibée par les
    pluies et presque en mortier............... 31

Terre fertile, mêlée d'environ moitié craie,
    rassise anciennement, et un peu humide. 8

*Idem*, nouvellement remuée................ 13

Menus cailloux roulés, coupés verticale-
    ment, n'ayant pas un dixième de terre
    franche, non remués....................... 2

*Idem*, remués exprès...................... 5

Mélange de moitié de ces cailloux et de
    moitié de terre noire de prairie, non
    remué....................................... 5

*Idem*, remué exprès....................... 5,5

Dans la couche d'un parapet occupé par le
    chevelu et les racines du gazon (à distance
    de 15 toises)................................ 20.

Dans des gazons rangés sur 8 pieds d'épaisseur,
les balles ont traversé de part en part.

*Expériences dans différentes espèces de bois.*

Les bois étaient coupés depuis plus d'un an, et assez secs. Les coups que l'on rapporte ne diffèrent tout au plus que d'un demi-pouce.

Ceux d'un gros tronc de chêne, suivant le
fil du bois. . . . . . . . . . . . . . . . . . . 2,6$_7$

*Idem*, en tirant de la circonférence au
centre. . . . . . . . . . . . . . . . . . . . . 5

Madriers de chêne, de 4 pouces d'épaisseur. . . . . . . . . . . . . . . . . . . . . . 5,5

Les chandelles de suif, de même poids que les balles, ont produit les mêmes effets.

Dans des pièces d'orme de 5 pouces d'é-
paisseur. . . . . . . . . . . . . 4
    de hêtre, de 4 pouces d'é-
quarissage. . . . . . . . . 5
    de charme. . . . . . . . . . 2,5
    de pommier. . . . . . . . . 5,
    de frêne. . . . . . . . . . 5,5
    de saule. . . . . . . . . . 5,
    de peuplier. . . . . . . . 7
Dans des feuilles de sapin. . . . . . . . . . 7
Poutrelles de sapin . . . . . . . . . . . . . 6,333
   de bouleau. . . . . . . . . . 6,333.

# CHAPITRE VII.

### De la position de la lumière.

Le petit nombre des expériences tentées par Hutton ne suffit pas pour faire connaître l'influence que peut exercer, sur les vitesses initiales et les reculs, l'inflammation communiquée et commencée à différens points de la charge; et pour donner quelques éclaircissemens sur l'effet de la position de la lumière, nous extrairons les passages suivans d'un rapport fait au comité d'artillerie par le lieutenant-général d'Anthouard, en avril 1817.

« Dans le canon du fusil du modèle 1777, la lumière est percée en arrière de la face supérieure de la culasse, formant le fond de l'âme, ce qui a obligé à faire une encoche dans le bouton vis-à-vis l'issue de la lumière, dans l'intérieur, afin d'établir la communication avec la charge. Le raisonnement, d'accord avec l'expérience, a fait reconnaître que cette encoche forme une chambre, dans laquelle la crasse s'amasse après quelques coups; cette crasse empêche la communication du feu, sans que l'on puisse y rémédier promptement, car l'épinglette est insuffisante pour en décharger l'encoche.

« Le comité a décidé que l'encoche serait supprimée, et que les culasses seraient pleines à leur face supérieure; qu'ainsi la lumière communiquant di-

rectement avec la masse de la charge, il serait fait
des expériences pour reconnaître quel est le point
le plus favorable à son percement, dans le but de
conserver aux armes toute leur portée, et de ne pas
avoir un recul plus fort que dans leur état naturel.

« Pour parvenir à ce résultat, des expériences
ont été faites sur

 5 canons de fusil d'infanterie, modèle de 1777
   corrigé;
 5 canons de fusil d'artillerie, modèle de 1816;
 4 canons de mousqueton, modèle an 9;
 5 canons de mousqueton, modèle de 1816;
 5 canons de pistolet de cavalerie et marine, modèle an 13;
 5 canons de pistolet de gendarm., modèle an 13.

« Les positions successives de la lumière sont
indiquées par la distance du centre de la lumière
à la face supérieure du bouton de culasse, au fond
de l'âme. On voit que, pour les âmes du modèle
de 1777 corrigé, dont les troupes sont actuellement
armées, c'est-à-dire le fusil d'infanterie, le mousqueton de l'an 9, et les pistolets de cavalerie et de
gendarmerie, on a d'abord éprouvé la position actuelle de la lumière, puis cette même position,
mais avec la culasse recoupée d'une ligne; qu'ensuite
on a fait marcher la lumière de ligne en ligne, de
2 en 2 lignes, et de 3 en 3 lignes, à mesure que l'on
approchait davantage de la balle, et que l'on s'é-
loignait par conséquent du point présumé le plus
avantageux. Pour les armes du modèle de 1816,
c'est-à-dire le fusil d'artillerie et le mousqueton de

cavalerie légère, la première position éprouvée a été celle de la lumière percée à demi-ligne du fond de l'âme ; on a fait ensuite avancer la lumière comme il vient d'être indiqué. Dans chaque espèce d'arme, la dernière position a été celle de la lumière rasant le dessous de la balle.

« Ainsi que l'avait prescrit le comité, l'épreuve de chacune de ces positions a été faite, pour chaque arme, par dix coups tirés avec des cartouches de guerre ordinaires, et répétée par dix coups avec des cartouches de poudre ronde. La poudre ordinaire employée provenait de Ripault, et avait été fabriquée en 1816 ; la poudre ronde employée provenait d'Essone, et avait été fabriquée en 1815, d'après les procédés de M. Champy fils.

« Cette poudre ronde, occupant plus d'espace que la poudre anguleuse, il a fallu, pour arriver à toucher la balle dans l'épreuve, avec cette poudre, percer la lumière au delà des dernières positions pour la poudre ordinaire. Le tableau n° 1 fait connaitre ce qui a été fait à ce sujet pour chaque espèce d'arme.

« Il a été essayé, dans la totalité des expériences,

|  | Avec la poudre ordinaire. | Avec la poudre ronde. |
|---|---|---|
| pour le fusil d'infanterie. . | 11 positions. . | 13 positions |
| mousqueton an 9. | 12. . . . . . . | 13 |
| pistolet de cavaler. | 10. . . . . . . | 11 |
| pistolet de gendar. | 9. . . . . . . | 10 |
| fusil d'artillerie. . . | 5. . . . . . . | 5 |
| mousqueton 1816. | 10. . . . . . . | 11. |

« Les cartouches dont on s'est servi sont celles en usage pour chaque arme.

« Les positions de la lumière dans le canon du fusil d'infanterie ont été éprouvées sur des canons avec des culasses à dé, d'une ligne de profondeur. Cette espèce de culasse n'a pas paru présenter de l'avantage sur les culasses plates.

« On a tiré aussi quelques coups avec diverses charges, avec ou sans bourre, en perçant la lumière d'un canon de fusil d'infanterie, suivant l'axe de la culasse, afin de porter le feu au centre du fond de la charge. Cet essai avait pour but de reconnaître si le recul serait moindre ; mais on n'a pas obtenu de résultat satisfaisant.

« Dans ces expériences, le recul des armes a été estimé au moyen d'une machine à pendule appartenant à la régie des poudres et salpêtres, et connue sous la désignation d'éprouvette de d'Arcy. Ses effets ont été appréciés au moyen d'un pendule construit dans l'atelier de précision du comité.

« Ce pendule est supporté, comme celui de Robins, par un essieu horizontal, dont les fusées sont taillées en couteau, et posent, le biseau en dessous, dans des supports disposés de manière à diminuer considérablement les frottemens.

La verge du pendule est composée de trois barres de fer superposées, et réunies par des étriers et leurs brides. Elle est terminée à sa partie inférieure par une lentille dont la face a 5 pouces de diamètre horizontal à sa plus grande largeur. Cette lentille rejoint insensiblement la largeur de la verge. En arrière de la face du pendule, et dans la direction du tir, l'épaisseur de la lentille est de 5 pouces. Comme les balles brisaient la face du pendule après un petit nombre de coups, et que cela entraînait à des réparations considérables, on aurait désiré avoir des plaques de fonte pour garnir la lentille ; mais n'ayant pu s'en procurer, on a placé devant la lentille des plaques en fer, arrêtées par trois vis à tête perdue contre une plaque, qui elle-même est fixée à la lentille par trois boulons à écrous ; une légère feuille de cuivre est interposée entre la lentille et cette dernière plaque ; on resserre les écrous plusieurs fois, afin que le système soit bien uni.

« Après avoir reconnu que l'usage des rubans qu'indique Robins pour estimer les arcs parcourus par le pendule est incommode et inexact, monsieur le chef de bataillon Parisot a fait construire un arc de cercle qu'il a placé au-dessous du pendule, dans le plan vertical de ses oscillations ; cet arc a pour rayon la longueur du pendule depuis le dessous des couteaux jusqu'à son extrémité inférieure, et son limbe est formé d'une règle graduée qu'on peut avancer, reculer et fixer à volonté, de manière à ce que son zéro corresponde exactement à la position du repos du pendule. L'arc de cercle porte un curseur qui se meut librement sur la règle. Le pendule, en s'élevant, pousse le curseur, qui, s'arrêtant au point où finit l'oscillation ascendante, indique le nombre de degrés et parties de degrés parcourus par le pendule. Les degrés sont partagés en douzièmes, comme dans l'éprouvette de d'Arcy.

. . . . . . . . . . . . . . . . . . . . . . . . .

« Les résultats de ces expériences indiquent, de la manière la plus positive, quelle est la position de la lumière à laquelle on devrait s'arrêter pour chacune des différentes armes. Des conditions indispensables à remplir dans la monture en bois de la platine et du canon ont apporté quelques modifications aux résultats obtenus. En outre, le comité avait préalablement reconnu que les boutons de culasse des armes de 1777 sont plus longs qu'il n'est nécessaire. Il avait en conséquence décidé que ces boutons seraient diminués, remettant à fixer leur longueur définitive après l'issue des présentes expériences.

« Dans le cours des épreuves, il a été reconnu que, pour les canons de fusil, la poudre ronde qui a été employée perd sur la poudre anguleuse, c'est-à-dire que, pour les percemens de la lumière qu'il serait possible d'adopter, cette poudre ronde donne généralement des reculs plus considérables, et conséquemment des effets moindres, et que, pour les autres armes, les effets augmentent ainsi que les reculs.

« Cette poudre occupe, comme il a été dit plus haut, plus d'espace que celle ordinaire de guerre. La cartouche de fusil d'infanterie de 40 à la livre, construite avec cette poudre, aurait de 35 à 36 lignes de longueur, non compris la balle, tandis que celle de poudre ordinaire n'est que de 28 à 29 lignes sans balle. Cette observation fait connaître qu'en adoptant pour la guerre une poudre ronde, fabriquée de la même manière et d'une densité égale, il faudrait agrandir les coffres des gibernes du soldat.

« À l'exception de la première expérience, où la

lumière était d'une ligne et la culasse avait 8 lignes avec encoche, les autres ont été faites avec des culasses de 7 lignes, plates, cartouches de 40 à la livre, balles de 20 à livre, moyennes de 50 coups. Les positions successives de la lumière sont indiquées par la distance de son centre au fond de l'âme. Cette observation s'applique à tous les tableaux.

*Canons de fusil d'infanterie.*

| POSITIONS successives de la lumière. | POUDRE ORDINAIRE. | | | | POUDRE RONDE. | | | |
|---|---|---|---|---|---|---|---|---|
| | Reculs. | | Effets. | | Reculs. | | Effets. | |
| | degrés | | degrés | | degrés | | degrés | |
| De 1777. | 10 | 7,4 | 5 | 10,6 | 10 | 10,2 | 5 | 9 |
| 0 | 10 | 9,125 | 6 | 2,6 | 11 | 0,9 | 5 | 10,6 |
| 1 | 10 | 9,5 | 6 | 7,1 | 10 | 11 | 6 | 2 |
| 2 | 11 | 4,6 | 6 | 5,1 | 11 | 9,7 | 6 | 1 |
| 3 | 11 | 0,6 | 5 | 11 | 11 | 0,25 | 5 | 6,9 |
| 5 | 11 | 1,2 | 6 | 5,2 | 11 | 0,1 | 6 | 1,8 |
| 7 | 11 | 4,9 | 6 | 2,2 | 11 | 5,5 | 6 | 11,7 |
| 9 | 11 | 2,5 | 5 | 11,5 | 11 | 5,375 | 6 | 1,2 |
| 11 | 11 | 6,4 | 6 | 0,4 | 11 | 5,4 | 6 | 4,6 |
| 13 | 11 | 5,6 | 5 | 9,19 | 11 | 6,19 | 5 | 10 |
| 15 | 11 | 3,7 | 5 | 8,4 | 11 | 8 | 5 | 11,04 |
| 18 | 10 | 5,9 | 4 | 10,7 | 11 | 9,9 | 5 | 11,4 |
| 21 | » | | » | | 11 | 5,8 | 5 | 11,145 |
| 24 | » | | » | | 11 | 5,7 | 4 | 9,4 |

Culasses de 7 lignes, à dé, d'une ligne de profondeur, moyenne de 20 coups. Le fusil en épreuve était encore celui d'infanterie.

| POSITIONS successives de la lumière. | POUDRE ORDINAIRE. | | POUDRE RONDE. | |
| --- | --- | --- | --- | --- |
| | Reculs. | Effets. | Reculs. | Effets. |
| lignes. | degrés. | degrés. | degrés. | degrés. |
| 0 | 11  9,8 | 5  10,8 | » | » |
| 2 | 11  1,5 | 5  9,6 | 11  1 | 6  5,1 |
| 3 | 11  3,4 | 5  10,8 | 10  9,2 | 5  3,8 |
| 5 | 11  1,43 | 6  4,8 | 10  9,75 | 5  10,7 |
| 7 | 11  4,5 | 5  6,9 | 11  0,2 | 5  7,5 |
| 9 | 11  8,5 | 5  5,5 | 11  8,2 | 5  10,6 |
| 11 | 11  5,86 | 5  8,14 | 11  5,9 | 6  1,1 |
| 13 | 11  7,25 | 6  4,5 | 11  7,75 | 6  4,25 |
| 15 | 11  4,3 | 6  3,25 | 11  7,1 | 6  2,9 |
| 18 | 11  9,14 | 5  6,75 | 11  6,75 | 6  2,14 |
| 21 | » | » | 11  4,8 | 5  10,14 |

*Canons de mousqueterie, modèle an 9.*

La première expérience a été faite avec la position de 1777, où la lumière est à une ligne et la culasse à 7 lignes 6 points, cartouches de 40 et balles de 20 à la livre ; les moyennes sont prises sur 40 coups.

| POSITIONS successives de la lumière. | POUDRE ORDINAIRE. | | | | POUDRE RONDE. | | | |
|---|---|---|---|---|---|---|---|---|
| | Reculs. | | Effets. | | Reculs. | | Effets. | |
| De 1777. | 10 | 2,16 | 5 | 0,05 | 11 | 9,1 | 5 | 8,87 |
| 0 | 10 | 10,33 | 5 | 3,33 | 11 | 6 | 5 | 9,4 |
| 1 | 11 | 10,6 | 5 | 8,5 | 12 | 0,2 | 5 | 7,86 |
| 2 | 11 | 5,62 | 5 | 4,38 | 11 | 7,25 | 5 | 5,25 |
| 3 | 11 | 6,5 | 5 | 4,25 | 11 | 8,75 | 5 | 8,75 |
| 4 | 11 | 4,88 | 5 | 2 | 11 | 2,25 | 5 | 4,5 |
| 6 | 11 | 5,38 | 5 | 2,38 | 11 | 3,75 | 5 | 3,05 |
| 8 | 11 | 4,6 | 5 | 4,4 | 11 | 4,34 | 5 | 5,86 |
| 10 | 11 | 5 | 5 | 4,25 | 11 | 2,88 | 5 | 5,88 |
| 12 | 11 | 8,13 | 5 | 2,3 | 12 | 0,7 | 5 | 7,9 |
| 15 | 11 | 7 | 5 | 6,4 | 12 | 5,75 | 5 | 8,25 |
| 18 | 11 | 4,15 | 4 | 10,25 | 11 | 7,17 | 5 | 1,9 |
| 21 | 10 | 9,5 | 5 | 0,5 | 11 | 8,88 | 5 | 6,38 |
| 24 | » | | » | | 11 | 2,3 | 5 | 6,25 |

## Canons de pistolet de cavalerie.

A l'exception de la première expérience, où la position de la lumière était celle de 1777, les autres ont été faites avec des culasses plates, réduites à 6 lignes 6 points. Les moyennes sont prises sur 40 coups, et les cartouches sont de 60 à la livre.

| POSITIONS successives de la lumière. | POUDRE ORDINAIRE. | | | | POUDRE RONDE. | | | |
|---|---|---|---|---|---|---|---|---|
| | Reculs. | | Effets. | | Reculs. | | Effets. | |
| De 1777. | 5 | 8,4 | 2 | 0,67 | 6 | 8,83 | 2 | 6,33 |
| 0 | 6 | 0,67 | 2 | 1,33 | 6 | 11,33 | 2 | 6,67 |
| 1 | 6 | 11,83 | 2 | 8,5 | 6 | 11,33 | 2 | 6 |
| 2,5 | 7 | 2 | 2 | 5,5 | 6 | 4,33 | 2 | 5,67 |
| 3,5 | 7 | 0,2 | 2 | 4,67 | 6 | 9,33 | 2 | 5,8 |
| 4,5 | 6 | 10,5 | 2 | 4,5 | 6 | 9,67 | 2 | 4,67 |
| 6,5 | 7 | 0,7 | 2 | 6,3 | 6 | 10,9 | 2 | 5,9 |
| 8,5 | 7 | 1,67 | 2 | 5,67 | 7 | 0,1 | 2 | 5,2 |
| 10,5 | 7 | 2,83 | 2 | 6,33 | 6 | 10,8 | 2 | 5,7 |
| 13,5 | 7 | 0,83 | 2 | 5,33 | 6 | 10,83 | 2 | 6,33 |
| 16,5 | 6 | 5,83 | 2 | 3 | 6 | 9,6 | 2 | 5,03 |
| 19,5 | | » | | » | 6 | 6 | 2 | 4,67 |

*Canons de mousqueton, modèle de 1816.*

La culasse du mousqueton a 6 lignes 6 points ; elle est plate à sa partie supérieure ; les balles sont de 20 à la livre ; les moyennes sont prises sur 50 coups tirés avec cartouches de 60 à la livre.

| POSITIONS successives de la lumière. | POUDRE ORDINAIRE. | | POUDRE RONDE. | |
|---|---|---|---|---|
| | Reculs. | Effets. | Reculs. | Effets. |
| 0,5 | 8 6,1 | 3 8,3 | 9 2,5 | 4 6 |
| 1,5 | 8 5,9 | 5 10,4 | 8 9,5 | 4 4,4 |
| 2,5 | 8 10,2 | 4 14,6 | 8 10,1 | 4 6,1 |
| 3,5 | 8 8,9 | 4 2,5 | 9 1,14 | 4 6,1 |
| 5,5 | 8 9,8 | 4 7 | 9 1,6 | 4 7,9 |
| 7,5 | 8 5,5 | 4 9,3 | 9 5,6 | 4 10,9 |
| 9,5 | 9 1,67 | 4 3,25 | 9 5,4 | 4 8,3 |
| 14,5 | 9 0,1 | 4 6,4 | 9 5,4 | 4 8,3 |
| 17,5 | 8 7,5 | 4 4,8 | 9 2,5 | 4 10,7 |
| 20,5 | » | » | 8 8,6 | 4 6,7 |

*Canons de pistolets de gendarmerie.*

Les culasses sont réduites à 6 lignes. Les cartouches sont de 20 à la livre, et les balles de 26 à
27 à la livre; les moyennes sont prises sur 30
coups.

| POSITIONS successives de la lumière. | POUDRE ORDINAIRE. | | POUDRE RONDE. | |
|---|---|---|---|---|
| | Reculs. | Effets. | Reculs. | Effets. |
| 8 points. | 2 11,5 | 1 2,67 | 2 10,33 | 1 2,03 |
| 0,5 lign. | 5 1,17 | 1 3,38 | 2 10,67 | 1 2,03 |
| 1,5 | 5 1,1 | 1 5,17 | 2 10,83 | 1 3,1 |
| 2,5 | 5 1,5 | 1 5,33 | 5 1 | 1 2,8 |
| 3,5 | 3 0,5 | 1 5 | 5 0,5 | 1 3 |
| 4,5 | 2 11,4 | 1 2,85 | 5 0,07 | 1 2,5 |
| 6,5 | 2 10,67 | 1 2,1 | 2 11 | 1 2,17 |
| 8,5 | 2 8,25 | 1 1,17 | 2 11,2 | 1 2,4 |
| 10,5 | 2 7,67 | 1 0,67 | 2 9,17 | 1 1 |
| 12,5 | » | » | 2 5,67 | 0 11,83 |

# CHAPITRE VIII.

DES BOUCHONS, DES SABOTS ET DU REFOULAGE.

*Des valets ou bouchons.*

« DES expériences de Texier de Norbec sur la tenacité des charges, il résulte qu'en tâchant d'enlever la crasse avec un écouvillon sec ou momentanément recouvert d'un morceau de fourrure, le recul sera moins fort, et on sera moins exposé aux ruptures des pièces en fer.

« L'addition d'un boulet augmente moins la tenacité d'une charge que l'addition d'un valet ou bouchon.

« Il y aura encore moins à craindre d'accidens en n'employant qu'un valet et deux projectiles, comme c'est expressément recommandé à l'artillerie anglaise, que lorsqu'on place un boulet et deux valets ou bouchons, suivant la pratique ancienne et très-souvent encore suivie aujourd'hui, quoique ses inconvéniens soient évidemment de rendre le recul plus considérable, d'augmenter les chances de rupture, de retarder le service, et d'être plutôt susceptibles de diminuer que d'augmenter les vitesses initiales. »

M. de Montgery ajoute encore : « On voit que, parfois, des fils de carret du valet placé sur le boulet s'engagent entre le projectile et les parois de l'âme, et causent une tenacité extraordinaire. Texier de Norbec, et après lui Cornibert, ont remarqué très-judicieusement que cette circonstance est fort dangereuse pour la pièce, principalement lorsqu'un valet de la forme ordinaire a été fortement refoulé sur le boulet, parce qu'alors la base en contact, venant à céder, et prenant l'empreinte du boulet, forme une espèce de coin circulaire, dans lequel le boulet s'enfonçant de plus en plus durant l'explosion, doit exercer contre les parois de l'arme un effort considérable, et dans certains cas susceptible de faire éclater celle-ci. Cornibert dit à ce sujet : « Qu'il ne paraît pas qu'on puisse attribuer
« à d'autre cause la rupture d'une pièce de 8 longue
« de la frégate *l'Incorruptible*, chargée seulement
« de 2 livres de poudre de retour, et un boulet pour
« l'exercice ; cette pièce était bonne et régulière, à
« l'exception de quelques petites ondes de foret dans
« l'âme, mais qui, n'excédant pas les tolérances ac-
« cordées par les règlemens, ne pouvaient pas obli-
« ger le boulet à des ressauts assez considérables
« pour briser la pièce. Ce canon s'est fendu au col-
« let et n'a pas éclaté ; ce qui prouve que la rupture
« a été occasionée plutôt par la pression que par
« le choc du boulet. »

« Du reste, soit qu'on mette un seul ou plusieurs projectiles dans les pièces, on doit regarder comme très-convenable de n'employer pour chaque charge qu'un seul valet sphérique. Cette figure leur fait contracter moins d'adhérence, et les empêche de former ce coin circulaire si dangereux. Il est expressément recommandé aux canonniers hollandais, depuis nombre d'années, de faire les valets de la figure d'un peloton. »

M. de Montgery continue le même sujet, quelques pages plus loin, de la manière suivante :

« Il a été reconnu généralement, d'ailleurs, que, lorsqu'un boulet est placé en arrière d'une grappe de raisin, il porte moins loin et avec moins de justesse que lorsqu'il est placé en avant. Or, on ne saurait douter qu'un peloton de fils de carret très-serré ne doive produire un effet analogue, principalement lorsqu'il renferme dans son centre un biscaïen ou un boulet de petit calibre, comme cela arrive quelquefois. Cette méthode, qui paraît plus suivie en Angleterre qu'en France, est assez nuisible, à moins qu'on ne se batte vergue à vergue; encore vaudrait-il mieux employer ensemble deux projectiles du calibre des pièces. La destination véritable des valets, dans un combat, est uniquement d'empêcher un instant les projectiles de se déplacer par l'effet du roulis, ou par celui de toute secousse un peu violente. Il est essentiel, 1° pour la célérité du service, qu'ils entrent avec beaucoup de facilité dans l'intérieur de la pièce; 2° pour ménager le métal, qu'ils soient sphériques, afin qu'ils ne forment pas un coin autour du boulet; 3° pour ne pas causer de déviations, qu'ils soient très-légers; 4° enfin, pour prévenir l'inflammation de la gargousse au moment où on l'introduit , qu'ils soient d'une matière qui ne conserve pas le feu.

« Les meilleurs valets , à mon avis , ressemble-raient à une balle de paume , seraient également recouverts de peau , de cuir ou de drap , et leur intérieur serait en laine , bourre , crin ou plumes. Ce n'est que par raison d'économie qu'il faudrait faire leur enveloppe de toile à fourrer, et leur intérieur de paille ou de foin. Avant de les couvrir, on les ficellerait , soit avec du gros fil en laine , soit avec du fil à voile ordinaire. Ce procédé servirait à assurer leur forme sphérique. On aurait toujours l'attention de leur donner moins de diamètre qu'à l'âme des bouches à feu , et de les laisser un peu mous ; de façon que le refoulage , sans être violent, suffise pour les aplatir un peu et leur faire contracter quelque adhérence contre les parois de l'âme.

« Au surplus , je ne parle de l'emploi des valets avec les caronades et les canons que pour me conformer à l'usage, qu'il est toujours dangereux, pour le perfectionnement d'un art , de heurter trop subitement de front. Mon opinion particulière est qu'on ne devrait jamais se servir de valets ou bouchons que lorsque les pièces ont à demeurer long-temps chargées , ou bien dans les épreuves de réception. Durant le cours d'une action , il suffirait, pour maintenir les projectiles, qu'ils fussent enveloppés avec de la peau , du drap ou de la grosse toile. Le célèbre Montecuculli rapporte que les Turcs , à l'époque où il écrivait, avaient la coutume

( 256 )

d'envelopper leurs boulets avec de la peau de mouton. Il approuve cette méthode, et des auteurs plus modernes semblent partager son opinion. Dans une épreuve exécutée à Toulon en 1762, avec des canons de 36 et de 24, les boulets furent enveloppés de toile, et fournirent, pour la plupart, des portées extrêmement brillantes.

« Tout capitaine de navire pourrait faire envelopper de la sorte les projectiles avec de la toile à fourrer. Cette méthode dégagerait le bord de l'encombrement causé par les valets, épargnerait l'énorme quantité de fils de carret employée à leur confection, activerait l'action de charger, favoriserait la justesse du tir, et contribuerait à la sûreté des pièces et des diverses parties de leur armement.

« L'enveloppe des boulets doit s'appliquer sur eux avec exactitude, sans être trop serrée, afin que l'étoffe, conservant un peu d'élasticité, remplisse davantage l'espace que laisse le vent, et procure contre les parois de l'âme une adhérence suffisante. L'enveloppe des paquets de mitraille, et celle de chacune des deux têtes des boulets ramés, ne doivent être pareillement ni trop justes ni trop aisées. Je parle de les faire toutes de toile à fourrer, parce que c'est l'étoffe dont chaque capitaine a le plus à sa disposition, et qui coûte le moins au gouvernement ; mais, sous plusieurs rapports physiques, l'étoffe en laine nommée *frise*, dont on garnit les sabords, est celle qu'il faudrait préférer. »

Un officier d'artillerie pouvant être employé sur une côte, j'ai cru ne devoir rien supprimer dans

les passages précédens , qui sont conformes à
notre opinion. Les bouchons , de quelque matière
qu'ils soient faits , étant toujours compressibles ,
celui placé entre la poudre et le boulet permet au
fluide dégagé de la poudre de passer au travers , et
le boulet n'offre plus à l'action de ce fluide que la
même surface qu'il lui offrirait dans le cas où l'on
n'aurait pas fait usage de bouchons. Ainsi le projectile doit éprouver une diminution de vitesse initiale par deux raisons : la première , parce qu'il se
trouve plus éloigné du fond de l'âme de la pièce ,
et la seconde parce que le fluide a à mouvoir un
poids de plus , celui des bouchons. Par la même
raison ils ne peuvent empêcher le fluide passant par
le vent de comprimer le boulet violemment contre
le fond de l'âme , et de produire , au bout d'un certain nombre de coups , un enfoncement très-nui-
sible , et qui occasione bientôt après la destruc-
tion de la pièce. Mais si l'on s'aperçoit de l'existence
d'un logement un peu considérable , et qui commence à être dangereux , on fera bien d'employer
entre la poudre et le boulet un bouchon un peu
plus gros que les précédens , pour obliger le boulet à rester en avant de l'enfoncement , et prévenir
ses battemens dans l'intérieur de l'âme de la pièce.
Morla dit « qu'un bouchon de paille ou de foin
est un corps rempli d'interstices considérables , et
qu'un gaz peut traverser avec la plus grande facilité. Au moment de l'explosion, le boulet résiste au
mouvement imprimé avec toute la force d'inertie ,
augmentée d'une partie de son poids...... Le gaz

enflammé traverse le bouchon, vient frapper le boulet, et lui communique par degrés la vitesse qu'il est susceptible d'acquérir. Pendant tout le temps de l'accélération, le bouchon est plongé dans le fluide, qui exerce sur lui, de tous côtés, des efforts égaux. Lorsque le boulet a acquis toute sa vitesse, il peut arriver qu'il soit séparé du bouchon, et que la partie de l'âme comprise entre eux soit beaucoup plus grande que celle qu'occupait la charge avant l'inflammation. Alors la dilatation de la petite portion de gaz comprise entre le bouchon et le fond de l'âme n'est pas suffisante pour chasser le bouchon hors de la pièce. » Cet inconvénient, des plus graves, peut causer des accidens dans le tir des pièces.

D'ailleurs, si l'on fait attention que l'on ne fait usage des bouchons que pour les pièces de siége et de place, qui, une fois chargées, ne sont pas sujettes à de grands ébranlemens, on pourra, dans tous les cas, supprimer le bouchon placé entre la poudre et le boulet, et même celui placé sur le boulet, si l'on a soin de l'envelopper de laine ou de quelque autre étoffe pour l'empêcher de rouler lors de la mise de la pièce en batterie, et d'occasioner entre la poudre et le projectile un vide ou intervalle généralement réputé assez dangereux. Ce dernier moyen aurait encore l'avantage de mieux garantir la pièce des logemens de boulet, quand même il ne contribuerait pas à augmenter la vitesse initiale. A présent que l'on ne charge plus à la lanterne, et que l'on se sert de gargousses en

papier ou en étoffe, la suppression du bouchon sur
la poudre ne peut avoir que très-peu d'inconvénient. Ainsi, l'on ne devrait mettre des bouchons
entre la poudre et le boulet que dans le cas d'un
logement, pour prolonger la durée de la pièce, et
les proscrire dans tous les autres cas, si toutefois
il est reconnu que l'enveloppe des projectiles ne
soit pas plus sujette que les bouchons à rester dans
l'intérieur de l'âme après le tir. Ainsi le bouchon
est absolument inutile, excepté dans le cas où l'on
est obligé de soutenir le boulet pour tirer horizontalement, ou du haut en bas.

D'après Saint-Remi, « en employant des gargousses et le boulet immédiatement dessus, se con-
tentant, s'il le faut, de les soutenir par un bouchon
introduit tout naturellement, le service du canon
en sera plus vif, plus prompt et moins dangereux,
parce que les canonniers, ne s'arrêtant point à des
manœuvres inutiles, ne seront que peu de temps
exposés devant l'embrasure. »

---

### Des sabots.

Une partie de ce que nous avons rapporté tou-
chant les bouchons et valets peut s'appliquer aux
sabots. Les sabots placés entre la poudre et le boulet peuvent compenser le désavantage qu'ils ont
de diminuer les vitesses initiales, à cause de leur
poids, s'ils contribuent à diminuer le vent du bou-

let. Ainsi, par leur forme et le choix du bois, on doit chercher à diminuer leurs inconvéniens et à augmenter leurs avantages. Étant plus incompressibles que les boulets, ils ne permettent pas au fluide d'arriver et de se placer entre eux et le boulet, et de comprimer ce dernier assez fortement pour produire l'enfoncement de la partie inférieure de l'âme, reconnu si dangereux. Le sabot adopté pour les pièces de bataille, outre l'avantage de prolonger leur durée, jouit encore de celui de fixer le boulet à la gargousse, et de diminuer par-là le temps nécessaire à leur manœuvre. Cette raison seule suffira pour éloigner à jamais toute idée de le supprimer. Pour prolonger la durée des pièces de siège qui, à boulets roulans, ne fournissent guère plus de 600 coups, on a proposé d'employer le sabot suisse, ou coin circulaire creusé en paraboloïde, dont les bords se réduisent à rien. Mais les officiers d'artillerie ne sont pas encore bien d'accord sur la manière de le placer : les uns le placent avant, et les autres dessus. Si on le met avant, il faut commencer par introduire le sabot jusqu'au fond, et ensuite le boulet, pour éviter l'inconvénient de ne pouvoir les enfoncer jusqu'au fond de l'âme, si on les introduisait ensemble. De cette manière, le sabot annulle le vent. De plus, quand même dans son mouvement il rencontrerait un obstacle quelconque qui arrêterait sa marche, le boulet, ayant déjà une vitesse acquise, se détacherait du sabot, descendrait comme sur un plan incliné, et continuerait son mouvement pour sortir de l'intérieur de l'âme ; le

coin circulaire, à peine débarrassé du projectile, se
briserait et surmonterait l'obstacle qui l'aurait arrêté, de manière qu'il n'arriverait aucun accident.
Mais supposons que le même accident arrive quand
le coin circulaire est placé sur le boulet : ce dernier, poussé par le fluide, tendra à comprimer de
plus en plus le sabot contre l'obstacle, et à aggraver
de plus en plus la grandeur de l'obstacle, de manière que si la pièce n'est pas assez forte pour résister à cet effort extraordinaire et des plus violens,
elle doit être mise hors de service. On a observé
que les boulets avaient des mouvemens beaucoup
plus irréguliers quand ils étaient placés avant une
grappe de raisins que lorsqu'ils étaient placés après.
Il en doit être de même avec les coins circulaires : car lorsque le boulet se trouve en avant du
sabot, la résistance de l'air et des parois de l'âme,
agissant plus fortement sur le sabot, doit le ralentir
plus que le boulet; de manière que celui-ci doit
s'en séparer sans choc, et continuer à se mouvoir
dans la direction qu'il avait prise au commencement de son mouvement. Mais lorsque le sabot se
trouve sur le boulet, celui-ci se trouve engagé de
plus de moitié dans la partie creuse du premier, de
manière que lorsque, par l'effet de la résistance de
l'air, le mouvement du sabot se ralentit, le boulet
doit éprouver un choc ou une pression latérale qui
change sa première direction et le fait dévier. Mais
quoique les sabots, outre le désavantage de diminuer les vitesses initiales, aient, comme les bouchons et les valets, l'inconvénient d'augmenter les

reculs, ils sont encore utiles pour tirer des boulets d'un calibre inférieur à celui des pièces. Nous allons rapporter les expériences qui furent faites à ce sujet en l'an 11.

Dans ces expériences, on s'est servi d'un sabot creusé en cone tronqué, fendu parallèlement à son axe, jusqu'à 9 lignes de sa base, par deux coups de scie faisant entre eux un angle droit, et partageant le sabot en quatre quartiers égaux. Ces sabots, construits de manière à recevoir tous les boulets des calibres inférieurs, ont l'avantage de se fendre, d'appuyer contre les parois de l'âme et de prévenir les battemens, lorsqu'on donne quelques coups de refouloir sur le boulet qu'ils contiennent.

*18 et 19 prairial, pièces de 8, charge de 2,5 livres, moyenne de 5 coups.*

| DEGRÉS. | PORTEE DES BOULETS DE | | |
|---|---|---|---|
| | 8 | 6 | 4 |
| | toises. | toises. | toises. |
| 1 | 297 | 286 | 218,5 |
| 2 | 434,3 | 400 | 295 |
| 3 | 510,2 | 466,7 | 408 |
| 4 | 638,3 | 551,1 | 445 |
| 5 | 732 | 594 | 596 |

| DEGRÉS. | ERREURS DES PORTÉES, en toises, DES BOULETS DE | | | RAPPORTS des DÉVIATIONS AUX PORTÉES | | |
|---|---|---|---|---|---|---|
| | 8 | 6 | 4 | 8 | 6 | 4 |
| 1 | 35,3 | 14,6 | 25 | 0,00101 | 0,00804 | 0,00229 |
| 2 | 19 | 27,3 | 13,3 | 0,00276 | 0,00325 | 0,00779 |
| 3 | 31,3 | 7,3 | 45,3 | 0,00431 | 0,00579 | 0,02034 |
| 4 | 20,3 | 23 | 42 | 0,00560 | 0,00309 | 0,02539 |
| Moyennes. | 26,5 | 18,1 | 31,4 | 0,00118 | 0,00309 | 0,00483 |
| Moyennes par les probabilités | 25,8 | 19,0 | 33,1 | 0,00120 | 0,00178 | 0,00451 |

Nous ferons voir dans notre *Essai de balistique* que les déviations sont proportionnelles aux nombres des degrés ; pour en prendre les moyennes, il faut les rapporter à celles qui ont eu lieu sous un degré.

13 *et* 15 *messidor an* 11 *, avec des boulets de* 6, 4, 3, *tirés dans une pièce de* 6, *à la charge de* 2 *livres.*

Tous les sabots n'étaient pas bien faits ; plusieurs avaient plus de 4 lignes de vent ; les plus exacts ont été choisis pour les plus petits calibres, c'est-

à-dire pour les boulets de 3 et 4 ; moyenne de
5 coups.

| DEGRÉS. | PORTÉES DES BOULETS de | | |
|---|---|---|---|
| | 6 | 4 | 3 |
| 1 | 267 | 299,7 | 239 |
| 2 | 546 | 383,3 | 352,7 |
| 3 | 471 | 442 | 432,5 |
| 4 | 565,7 | 505,7 | 584 |
| 5 | 612 | 561 | 526,5 |

| DEGRÉS. | ERREURS DES PORTÉES DES BOULETS DE | | | RAPPORTS DES DÉVIATIONS AUX PORTÉES DES BOULETS DE | | |
|---|---|---|---|---|---|---|
| | 6 | 4 | 3 | 6 | 4 | 3 |
| 1 | 14 | 57,6 | 14 | 0,00299 | 0,00667 | 0,00740 |
| 2 | 10,6 | 7,3 | 23,5 | 0,00289 | 0,00522 | 0,01380 |
| 3 | 7,3 | 6,0 | 82,3 | 0,00361 | 0,00974 | 0,01388 |
| 4 | 9,3 | 7,6 | 16 | 0,00361 | 0,00596 | 0,02597 |
| Moyennes. | 10,3 | 19,6 | 33,9 | 0,00160 | 0,00350 | 0,00623 |
| Moyennes par les probabilités | 10,8 | 7,3 | 18,1 | 0,00152 | 0,00295 | 0,00638 |

*13 et 15 messidor, avec des boulets de 3 et 4, tirés dans une pièce de 4, et la charge de 1,5 livres ; moyenne de 3 coups.*

| DEGRÉS. | PORTÉES des BOULETS DE | | ERREURS des PORTÉES DE | | RAPPORTS des DÉVIATIONS. | |
|---|---|---|---|---|---|---|
| | 4 | 3 | 4 | 3 | 4 | 3 |
| 1 | 513 | 524 | 8,6 | 36 | 0,00000 | 0,00185 |
| 2 | 414,5 | 452,3 | 20,3 | 8,3 | 0,00169 | 0,00287 |
| 3 | 508,7 | 493 | 11,3 | 6,7 | 0,00800 | 0,02029 |
| 4 | 517 | 516,5 | 10,5 | 11 | 0,00193 | 0,00832 |
| 5 | 603 | 557,5 | 8,3 | 29,7 | 0,00497 | 0,00718 |
| Moyennes. . . . . | | | 11,8 | 18,3 | 0,00190 | 0,00271 |
| Moyennes par les probabilités. . . . . | | | | | 0,00086 | 0,00184 |

Une remarque assez curieuse, c'est que les différences des portées des boulets de différens calibres, tirés dans la même pièce, paraissent constantes et indépendantes de l'angle de tir.

Dans la pièce de 8, la différence des portées des boulets de 8 à celles des boulets de 6 et de 4 est 47,2 et 140,6.

Dans la pièce de 6, la différence des portées des

boulets de 6 à celles des boulets de 4 et 3 , est 14,4 et 51,5.

Dans la pièce de 4 , les portées des boulets de 3 n'ont été inférieures à celles des boulets de 4 que de 2,7 toises.

---

*Du refoulage.*

Comme on dispute encore pour savoir s'il est avantageux ou nuisible de refouler la charge, nous ne pouvons mieux faire que de transcrire l'opinion de Lombard :

« On a tiré six coups avec une pièce de 16, chargée de 6 livres de poudre, renfermée dans une gargousse de papier, et dirigée horizontalement, dont trois avec des bouchons de fourrage ; l'un sur la charge, refoulé de 6 coups ; l'autre sur le boulet , refoulé de 3 coups. Aux trois autres coups la charge n'a été que pressée dans le fond de l'âme , le boulet immédiatement par-dessus et recouvert d'un bouchon qui a été refoulé d'un seul coup, voulant s'assurer seulement que la charge touchait le fond de l'âme, et que le boulet était contigu à la charge. Les résultats de ces épreuves sont indiqués dans la table suivante.

*Vitesses initiales du boulet de 16 chassé avec 6 livres de poudre.*

| *Ordre des coups en refoulant.* | *Ordre des coups sans refouler.* |
|---|---|
| 1. . . . 1419 pieds. | 2. . . . 1445 pieds. |
| 3. . . . 1420 | 4. . . . 1451 |
| 5. . . . 1440 | 6. . . . 1458 |

« D'où l'on voit qu'il est au moins inutile de refouler.

« Ces épreuves viennent à l'appui du raisonnement ; mais pour ne pas nous en tenir à notre opinion particulière sur un usage consacré par une longue suite d'années, nous allons transcrire ici une note qui se trouve dans les Mémoires de Saint-Remy, tome 1, page 279, édition de 1745.

« Suivant les expériences faites à La Fère, le bouchon dont on recouvre la charge et le boulet ne contribue en rien à augmenter la violence du coup, soit qu'il ait été plus ou moins refoulé. Voici ce que porte, sur ce sujet, un Mémoire particulier qui a été fait à l'occasion de ces expériences :

« A l'égard de la poudre, lorsqu'elle est réunie
« dans le plus petit volume qu'elle peut occuper
« naturellement, il ne faut pas penser qu'en la
« refoulant pour la réduire dans un plus petit es-
« pace, elle en acquière plus d'activité, puisque ce
« n'est qu'autant qu'il y a des interstices sensibles
« entre ses grains, que le feu de celle qui s'enflam-
« mera la première peut s'introduire pour allu-
« mer le reste : ce qui est si vrai, que quand elle

« est battue et réduite en pulvérin dans une arme
« à feu, elle ne s'allume que sucessivement. Ainsi,
« l'on peut conclure que le seul avautage que l'on
« tire du bouchon posé sur la poudre est de la
« rassembler dans le fond de la chambre, et d'em-
« pêcher, quand elle est enflammée, qu'elle ne se
« dilate autour du vent du boulet. »

« Tâchons de porter le dernier coup à cette pratique, en observant que si le refoulement produisait quelque effet, fût-il même avantageux au tir,
dût-il augmenter la force de la poudre, ce serait
une raison de plus pour en proscrire l'usage. Cette
assertion ne peut être un paradoxe pour quiconque
voudra faire attention que l'objet que l'on doit avoir
principalement en vue dans le tir des bouches à
feu est moins la justesse et la force d'un coup isolé
que l'uniformité dans les résultats de plusieurs coups
tirés de suite. Or, en refoulant la charge et le boulet un certain nombre de fois, on ne doit point s'attendre que ce sera toujours avec la même force;
dès lors, pour peu que l'on suppose d'efficacité au
refoulement, il ne faut plus compter sur l'uniformité : en refoulant plus ou moins fort, le boulet
partirait nécessairement avec plus ou moins de vitesse. Il serait donc bien plus avantageux, la poudre étant renfermée dans une gargousse de papier,
de pousser la charge au fond de l'âme, de ne l'y
comprimer qu'autant qu'il est nécessaire pour s'assurer qu'elle est au fond, et de mettre le boulet
immédiatement sur la charge, avec un bouchon par
dessus, refoulé d'un seul coup. Par cette méthode

plus simple, plus expéditive, et surtout moins sujette aux variations, on ne peut manquer d'approcher de cette uniformité si désirée dans le tir du
canon, à laquelle on ne doit point hésiter de sacri-
fier un surcroît de toises, qu'il serait d'ailleurs facile
de se procurer, à coup sûr, en augmentant la
charge. »

Quand la poudre est un peu humide, le refoulage a un autre inconvénient très-grave, mentionné
dans le passage suivant de M. de Montgery :

« On a reconnu par expérience, en Angleterre,
qu'un refoulage excessif, outre les mêmes inconvéniens que ceux attachés à l'emploi de plusieurs
valets ou bouchons, avait le très-grave inconvénient
de faire demeurer contre le fond de l'âme les cu-
lots de la gargousse, et même de la poudre, après
que le coup a été tiré : car cette munition, étant
trop battue, forme une sorte de pâte très-lente à
s'enflammer, et qui parfois ne s'enflamme pas tota-
lement, surtout quand l'intérieur de la pièce est
humide, et considérablement échauffé par l'effet
des décharges précédentes. »

# CHAPITRE IX.



### *Erreur moyenne des vitesses initiales.*

LE rapport de l'erreur moyenne des vitesses initiales des projectiles est 0,0306 , et si l'on ne prend parmi les plus grandes erreurs qu'un nombre tel qu'il soit le sixième du nombre total des erreurs , on trouve l'erreur moyenne 0,0649.

Cette connaissance du rapport de l'erreur moyenne peut être utile dans plusieurs cas, surtout dans celui où l'on aurait à rédiger un programme sur les vitesses initiales : car les erreurs moyennes diminuant dans le même rapport que le nombre de coups, il faudrait prescrire de tirer 16 coups pour la détermination de chacune de ces moyennes , si l'on voulait avoir celle de 1500 pieds par seconde exacte à moins d'un pied.

Dans toutes les formules suivantes , on rapportera les vitesses initiales , dans l'hypothèse où le projectile n'a aucun vent, c'est-à-dire dans celle où il a exactement le même diamètre que la pièce. De plus , par simplification , on évaluera les différentes mesures en fonction du même diamètre. Ce

sera ensuite au lecteur à faire les corrections nécessaires au cas qu'il considérera.

*Diamètres et poids des projectiles de l'artillerie*
*française.*

Les diamètres suivans sont extraits du Traité du
mouvement des projectiles, de Lombard. La seule
modification que l'on se soit permise, c'est de les réduire en nouvelles mesures.

|  | Mètre. |
|---|---|
| Le boulet de 36 liv. a un diamètr. de | 0,16936 |
| 24. . . . . . . . . . . . | 0,14737 |
| 18. . . . . . . . . . . . | 0,13389 |
| 16. . . . . . . . . . . . | 0,12895 |
| 12. . . . . . . . . . . . | 0,11711 |
| 8. . . . . . . . . . . . | 0,10244 |
| 6 , d'après Gassendi. | 0,09362 |
| 4. . . . . . . . . . . . | 0,08120 |
| La bombe de 12 pouces. . . . . . . | 0,32029 |
| 10. . . . . . . . . . . . | 0,27068 |
| et l'obus de 8. . . . . . . . . . | 0,21992 |
| 6. . . . . . . . . . . . | 0,16240 |
| 24 , d'après Gassendi. | 0,14840 |
| La balle de fusil de munition, de 18 à la livre. . . . . . . . . | 0,01654 |
| *Id.* du mousqueton, de 20 à la liv. (G,) . . . . . . . . | 0,01598 |

Pour avoir la vraie valeur des calibres des pièces,

il faut ajouter

aux diamètres des pièces de gros calibre . . 0,0044

à ceux des pièces de campagne. . . . . 0,00325

à celui de la bombe de 12 pouces . . . . . 0,0056

à ceux des autres bombes et obus de 8ᵒ et 6ᵒ 0,0045

à celui de l'obus de 24. . . . . . . . . . 0,00315

calibre du fusil d'infant. et de dragon. . 0,01748

   *id.* du mousqueton et pistolet de

        cavalerie. . . . . . . . . . . . 0,01711.


*Poids des boulets dont le diamètre est égal au calibre exact de la pièce.*


Pour calculer les poids suivans, nous avons fait, d'après Lombard, la densité de la fonte 7,166 fois celle de l'eau, et, d'après Lalande, nous avons supposé que le pied cube d'eau distillée pèse 69 livres 14 onces 1 gros 54 grains, à 10 degrés du thermomètre de Réaumur.

|  | Kilogr. |
| --- | --- |
| Le boulet de 36 pèse. . . . . . . . . | 19,645 |
| 24. . . . . . . . . . . . | 13,095 |
| 18. . . . . . . . . . . . | 9,905 |
| 16. . . . . . . . . . . | 8,881 |
| 12. . . . . . . . . . . | 6,529 |
| 8. . . . . . . . . . . | 4,422 |
| 6. . . . . . . . . . . | 3,407 |
| 4. . . . . . . . . . . | 2,256 |
| La bombe de 12. . . . . . . . . . | 129,609 |
| 10. . . . . . . . . . . | 78,030 |

et l'obus de  8. . . . . . . . . .  42,323

6. . . . . . . . . . . .  17,409

24. . . . . . . . . .  13,044

balle de fusil à munition , de 18 à

la livre . . . . . . . . . . .  0,02003

*id.*  de mousqueton , de  20 à

la livre. . . . . . . . .  0,01873

Pour les calibres de la marine , nous avons extrait
la table suivante , de Texier de Norbec.

| Pièces. | Diamètre des boulets. | *Id.* des pièces. |
|---|---|---|
| 36. | 0,16862. | 0,17539 |
| 24. | 0,14758. | 0,15256 |
| 18. | 0,13384. | 0,13887 |
| 12. | 0,11716. | 0,12124 |
| 8. | 0,10246. | 0,10603 |
| 6. | 0,09297 | 0,09624 |
| 4. | 0,08121. | 0,08417. |

---

*Poids des boulets égaux au calibre des canons ,
en prenant toujours 7,166 pour la densité de la
fonte.*

Le boulet de 36 pèse. . . . . .  20,206 kilog.

24 . . . . . . . . .  13,296

18 . . . . . . . . .  10,030

12 . . . . . . . . .  6,673

8 . . . . . . . . .  4,465

6 . . . . . . . . .  3,338

4 . . . . . . . . .  2,234.

---

*Du temps que la poudre emploie pour se comburer.*

L'inflammation de la poudre est successive, et le temps qu'elle met pour se comburer est donné par la formule

$$T = BF^{0,48},$$

où   T désigne le temps,

      B . . . . . une constante,

      F . . . . . la tranche élémentaire de la trainée de poudre supposée de la forme d'un parallépipède.

Si  F est exprimé en lignes carrées, et que la trainée ait un pied de longueur,

B = — 1,84164 quand la trainée est découverte,

B = — 1,30430 . . . . . . . . . . . . . couverte.

Si  F est exprimé en millimètres carrés, et que la trainée ait un mètre de longueur,

B = 0,64262 , quand la trainée est découverte ;

B = 0,10528 . . . . . . . . . . . . . couverte.

Si l'on suppose que les trainées ayant la forme cylindrique s'enflamment dans le même temps que celles à forme parallélipipède , quand leurs longueurs sont égales et leurs tranches élémentaires équivalentes, on aura, pour la trainée cylindrique où F est évalué en lignes carrées , et où la trainée a un pied de longueur,

B $= -$ 1,89200 avec la traînée découverte,
B $= -$ 1,35466 . . . . . . . . . couverte ;

et pour celle où F est donné en millimètres carrés,
et où la traînée a un mètre de longueur,

    B devient 0,69298 avec la traînée découverte,
. . . . . 0,15564 . . . . . . . . . . couverte.

Nous allons appliquer ces valeurs aux charges renfermées dans les pièces de l'artillerie, en supposant qu'elles ont un mètre de longueur, et leurs diamètres égaux à ceux des projectiles donnés par Lombard.

| Boulets. | Secondes. |
|---|---|
| 36. . . . . . . . . . . | 0,010375 |
| 24. . . . . . . . . . . | 0,011854 |
| 18. . . . . . . . . . . | 0,013000 |
| 16. . . . . . . . . . . | 0,014784 |
| 8. . . . . . . . . . . | 0,016810 |
| 6. . . . . . . . . . . | 0,018473 |
| 4. . . . . . . . . . . | 0,021011 |

On remarquera ici qu'à longueur égale la charge de poudre pour le calibre de 36 livres n'emploie pour se comburer entièrement que la moitié du temps nécessaire à la charge du calibre de 4 livres. Cela peut donner une idée des avantages que peuvent avoir les gros calibres sur les petits.

### De la force de la poudre dans un espace hermétiquement fermé.

D'après les expériences de Rumford, la force de la poudre dans un espace hermétiquement fermé est donnée par la formule

$$y = \mathrm{B}x^{a+bx},$$

où

$y$ désigne la pression en atmosphères ;

$x$ . . . . . . . le volume de la poudre, évalué en millièmes de la capacité de l'espace donné.

$a = 0,98248$,

$b = 0,000463$,

$\log \mathrm{B} = 0,26776$.

| Volume de la poudre. | Pressions en atmosphères. |
|---|---|
| 1 | 1,852 |
| 5 | 9,039 |
| 10 | 17,98 |
| 20 | 35,99 |
| 40 | 53,85 |
| 70 | 138,15 |
| 100 | 209,6 |
| 150 | 360,5 |
| 200 | 551,9 |
| 250 | 796,6 |
| 300 | 1111 |
| 400 | 2024 |
| 500 | 3502 |
| 600 | 5875 |
| 700 | 9662 |
| 800 | 15721 |
| 900 | 25188 |
| 1000 | 40221 |

## *Influence du vent sur les vitesses initiales.*

Quand le diamètre du boulet n'est pas très-différent du calibre de la pièce, les vitesses initiales sont entre elles comme les carrés des diamètres des boulets.

Ainsi, en supposant que les diamètres des boulets et des pièces sont exactement au calibre, il faudrait diminuer la vitesse initiale

du boulet de 36 dans le rapport 0,0500

| | |
|---|---|
| 24. | 0,0595 |
| 18. | 0,0629 |
| 16. | 0,0695 |
| 12. | 0,0534 |
| 8. | 0,0607 |
| 6. | 0,0665 |
| 4. | 0,0757 , |

de la bombe de 12. 0,0342

| | |
|---|---|
| 10. | 0,0324 , |

et de l'obus de 8. 0,0365

| | |
|---|---|
| 6. | 0,0532 |
| 24. | 0,0413 , |

de la balle de 20 à la livre, avec

le fusil d'infanterie. 0,0894

*id.* avec le mousqueton. 0,0485.

Dans l'artillerie de la marine, cette même diminution serait,

pour le boulet de 36, de 0,07032

| | |
|---|---|
| 24. | 0,06667 |
| 18. | 0,07112 |
| 12. | 0,06631 |
| 8. | 0,06798 |
| 6. | 0,06817 |
| 4. | 0,06911. |

On voit, par ces tables, que la perte de vitesse initiale par le vent du boulet est ordinairement de plus d'un vingtième, et qu'elle s'élève quelquefois à un quatorzième.

Le petit tableau suivant donne une idée de la diminution du calibre du boulet, nécessaire et suffisante pour produire, dans la vitesse initiale, une diminution déterminée d'avance. L'unité y sert à désigner et la vitesse initale et le calibre de la pièce de canon.

| Vitesses initiales réduites à | Diamètres des boulets suffisans pour cette réduction. |
|---|---|
| 0,9 | 0,9487 |
| 0,8 | 0,8944 |
| 0,5 | 0,7071 |
| 0,25 | 0,5000 |
| 0,1 | 0,3162 |

Ce tableau montre que, pour qu'un boulet ne reçoive que le dixième de la vitesse initiale du boulet sans vent, il suffit de diminuer son diamètre d'environ deux tiers. Mais pour mettre plus en évidence le désavantage occasioné par le vent du boulet, on a calculé la force dynamique acquise par chacun des boulets ci-dessus. La force dynamique du boulet sans vent est représentée par l'unité.

| Vitesses initiales réduites à | Force dynamique du boulet au sortir de la bouche à feu. |
|---|---|
| 0,9 | 0,7684 |
| 0,8 | 0,5724 |
| 0,5 | 0,1768 |
| 0,25 | 0,03125 |
| 0,11 | 0,00316 |

Ainsi un trois centième représente la force acquise par un boulet qui, à cause de son vent, n'avait reçu que le dixième de la vitesse du boulet sans vent.

---

## Des vitesses initiales par rapport aux différens poids des boulets.

Prenant 7,166 pour la densité de la fonte, et supposant que le pied cube d'eau pèse 69,883 livres françaises, on trouve, pour le projectile anglais de 2,02 pouces, le poids de 1,115 livres anglaises ou de 17,840 onces.

La formule qui donne les vitesses pour les différens poids du boulet, est

$$V = B\,P^{-\alpha}A^{c},$$

où

V désigne la vitesse initiale;

P....... le poids du boulet employé, comparé à celui qui aurait le calibre exact de la pièce;

C........ le poids de la charge, comparé de même à celui du même boulet représenté par 48.

$\log \alpha = -1,19091,$

$\log A... \quad 0,01790.$

De cette formule on déduit,

*Rapports des vitesses initiales des projectiles de densité = 1, à celle des projectiles*

|  | de densité 0,5 | de densité 1,5 |
|---|---|---|
| Charges. | Rapports. | Rapports. |
| 48 | 2,171 | 0,6345 |
| 32 | 1,495 | 0,7903 |
| 24 | 1,336 | 0,8443 |
| 16 | 1,231 | 0,8854 |
| 12 | 1,192 | 0,9020 |
| 8 | 1,156 | 0,9162 |
| 6 | 1,148 | 0,9226 |
| 4 | 1,135 | 0,9285 |
| 3 | 1,129 | 0,9315. |

Appelant force le poids du projectile multiplié par sa vitesse, on a :

| Charges. | Densité 0,5 | Densité 1,5 |
|---|---|---|
| 48 | Forces. 1,085 | 0,9517 |
| 32 | 0,747 | 1,1854 |
| 24 | 0,668 | 1,2664 |
| 16 | 0,615 | 1,3281 |
| 12 | 0,596 | 1,3530 |
| 8 | 0,578 | 1,3743 |
| 6 | 0,574 | 1,3839 |
| 4 | 0,567 | 1,3927 |
| 3 | 0,564 | 1,3969 |

D'après cette loi, toutes les fois que le poids de la charge serait plus grand que les 0,9419 ou les $\frac{16}{17}$ du poids du boulet, il y aurait de l'avantage à employer des boulets légers; mais, pour des charges plus faibles, il faudrait prendre des boulets pesans. La première remarque que l'on vient de faire doit faire soupçonner, que la loi ci-dessus devient inexacte, lorsque l'on considère de fortes charges approchantes de celles égales au poids du boulet.

D'après la même loi, le plus grand avantage que l'on pourrait avoir serait de supposer C très-petit, ce qui donnerait l'exposant 0,1552, et le boulet d'un poids double d'un autre aurait les rapports de vitesse 0,8980, et de quantité de mouvement, 1,7960.

Comme le cas d'une très-petite charge est celui où les boulets pesans ont le plus grand avantage, et que c'est un *maximum* dont les boulets de différens poids s'approchent de plus en plus, à mesure que la charge diminue, on a cru devoir donner la table suivante, où l'unité représente la vitesse initiale et la force dynamique du boulet 7,166 fois plus dense que l'eau.

*Limites des avantages des boulets pesans.*

| Densités. | Vitesses initiales. | Forces dynamiques. |
|---|---|---|
| 0,2 | 1,2837 | 0,2567 |
| 0,4 | 1,1528 | 0,4611 |
| 0,5 | 1,1136 | 0,5568 |
| 0,6 | 1,0825 | 0,6495 |
| 0,7 | 1,0569 | 0,7398 |
| 0,8 | 1,0352 | 0,8282 |
| 0,9 | 1,0165 | 0,9148 |
| 1,0 | 1,0000 | 1,000 |
| 1,1 | 0,9853 | 1,084 |
| 1,2 | 0,9712 | 1,167 |
| 1,3 | 0,9601 | 1,248 |
| 1,4 | 0,9491 | 1,329 |
| 1,5 | 0,9387 | 1,408 |
| 1,6 | 0,9296 | 1,487 |
| 1,8 | 0,9126 | 1,631 |
| 2,0 | 0,8980 | 1,796 |
| 2,2 | 0,8848 | 1,947 |
| 2,4 | 0,8730 | 2,095 |
| 2,6 | 0,8622 | 2,242 |
| 2,8 | 0,8525 | 2,386 |
| 3,0 | 0,8432 | 2,530 |

## De la longueur de la charge.

Nous aurions pu construire une formule pour exprimer la longueur des charges confectionnées avec les poudres françaises ; mais comme toutes les expériences que nous rapportons ont été faites avec la même poudre, il nous a semblé plus convenable de rapporter la formule de la longueur de la charge à cette même quantité de poudre. En supposant, pour chaque calibre, la construction de la gargousse exactement semblable à celle des gargousses employées par Hutton, la longueur de la charge sera exprimée par la formule

$$l = KC + g.$$

$l$ exprime la longueur de la charge en calibres de la pièce ;

C......... le poids de la charge en fonction du poids du boulet sans vent, représenté par 48 ;

$K = 0{,}10463$,

$g.... 0{,}28713$.

---

## Des vitesses initiales par rapport aux différentes longueurs de l'âme de la pièce.

Quand la densité d'un projectile est 7,166 fois plus considérable que celle de l'eau à son *maximum* de densité, sa vitesse initiale est donnée par la formule

$$V = B\, L^{\alpha A^{c}},$$

où

$\quad$ V désigne la vitesse initiale,

$\quad$ B. . . . . une constante,

$\quad$ L. . . . . la longueur de l'âme de la pièce exprimée en calibres,

$\quad$ C. . . . . les charges désignées par leur rapport avec le poids du boulet sans vent ;

$$\log A = -\,0{,}36982,$$
$$\log \alpha = -\,1{,}28180.$$

Pour que les lecteurs puissent obtenir facilement, par les moyennes arithmétiques, les exposans des charges non comprises ci-dessous, on a supposé le poids du boulet divisé en 48 parties égales. La première colonne verticale donne le nombre des parties dont la charge se trouve composée, la seconde contient les exposans correspondans, et la troisième montre l'avantage que l'on devrait obtenir en doublant la longueur de l'âme d'une pièce.

| Charges. | Exposans. | Avantage de la longueur de l'âme double. |
|---|---|---|
| 1. | 0,1948. | 1,145 |
| 2. | 0,1982. | 1,147 |
| 3. | 0,2018. | 1,150 |
| 4. | 0,2054. | 1,153 |
| 6. | 0,2128. | 1,159 |
| 8. | 0,2205. | 1,165 |
| 10. | 0,2285. | 1,172 |
| 12. | 0,2367. | 1,178 |
| 14. | 0,2455. | 1,185 |
| 16. | 0,2541. | 1,193 |
| 18. | 0,2633. | 1,200 |
| 20. | 0,2728. | 1,208 |
| 22. | 0,2827. | 1,216 |
| 24. | 0,2929. | 1,225 |
| 26. | 0,3034. | 1,234 |
| 28. | 0,3144. | 1,244 |
| 30. | 0,3258. | 1,253 |
| 32. | 0,3376. | 1,263 |
| 34. | 0,3498. | 1,274 |
| 36. | 0,3624. | 1,286 |
| 38. | 0,3755. | 1,297 |
| 40. | 0,3890. | 1,309 |
| 42. | 0,4031. | 1,322 |
| 44. | 0,4176. | 1,336 |
| 46. | 0,4327. | 1,350 |
| 48. | 0,4483. | 1,365 |

Pour montrer l'avantage de cette manière de présenter les résultats, soit proposé de calculer l'exposant de la charge 42 : en prenant la moyenne arithmétique des exposans de 40 et 44, on trouvera 0,4033, qui ne diffère de celui calculé directement que de 0,0002. Si l'on avait déduit le même exposant de 42, au moyen de ceux de 38 et 46, on aurait trouvé l'exposant 0,4041 et l'erreur 0,0010. Ainsi, l'on voit que les moyennes arithmétiques donnent des résultats beaucoup plus exacts que la différence des données employées ne semblerait l'annoncer. En calculant, en conséquence, l'exposant de 41 au moyen des exposans de 40 et 42, on devra avoir un exposant qui ne différera du véritable que d'environ 0,00005, et encore cette erreur, toute petite qu'elle est, diminuera en raison de la petitesse de l'exposant cherché.

Les vitesses initiales sont encore données par la formule

$$V = B\,(L\text{-}l)_0^{\alpha A^C},$$

où

V, B, L, C désignent les mêmes quantités que précédemment,

$l$ exprime la longueur de la charge en calibres de la pièce ;

$\log A = 0{,}24240$,
$\log \alpha = -\,1{,}27667$.

Le tableau suivant ne donne que les exposans relatifs aux charges placées à côté.

| Charges. | Exposans. |
|---|---|
| 1. | 0,1913 |
| 2. | 0,1935 |
| 3. | 0,1958 |
| 4. | 0,1981 |
| 6. | 0,2028 |
| 8. | 0,2075 |
| 10. | 0,2124 |
| 12. | 0,2174 |
| 14. | 0,2225 |
| 16. | 0,2278 |
| 18. | 0,2331 |
| 20. | 0,2386 |
| 22. | 0,2442 |
| 24. | 0,2500 |
| 26. | 0,2558 |
| 28. | 0,2619 |
| 30. | 0,2680 |
| 32. | 0,2743 |
| 34. | 0,2808 |
| 36. | 0,2874 |
| 38. | 0,2942 |
| 40. | 0,3011 |
| 42. | 0,3082 |
| 44. | 0,3154 |
| 46. | 0,3228 |
| 48. | 0,3304. |

*Vitesse* maximum.

Chaque longueur d'âme a une charge particulière qui donne à son projectile la plus grande vitesse qu'il puisse acquérir dans cette pièce, quand même on emploierait une charge plus forte; et cette vitesse *maximum* est donnée par la formule

$$V' = B L^{0,47},$$

où

    V' désigne la vitesse *maximum*,

    L........ la longueur de l'âme, exprimée en calibres de la pièce.

Lorsque l'on veut avoir la vitesse *maximum* exprimée en pieds, il faut faire

$$\log B = 2,59093$$

lorsque l'on veut cette vitesse évaluée en mètres

$$\log B = 2,10260.$$

*Charge du* maximum *d'effet.*

La charge du *maximum* d'effet, ou celle correspondante à la vitesse *maximum*, est donnée par la formule

$$C = B L^{0,44},$$

où

    L désigne la longueur de l'âme exprimée en calibres de la pièce;

$$\log B = 1,37525.$$

C, dans cette formule, se trouve donné en parties du poids du boulet sans vent.

*Tableau indiquant la vitesse initiale et la charge du plus grand effet pour une longueur d'âme donnée.*

| Longueurs d'âme en calibres. | Vitesses *maximum* en mètres. | Charges *maximum* en parties du poids du boulet. |
|---|---|---|
| 2. | 175,4. | 0,3131 |
| 4. | 242,9. | 0,4135 |
| 6. | 294. | 0,4863 |
| 8. | 336,6. | 0,5458 |
| 10. | 375,8. | 0,5966 |
| 12. | 407,2. | 0,6417 |
| 14. | 437,8. | 0,6825 |
| 16. | 466,2. | 0,7200 |
| 18. | 492,7. | 0,7547 |
| 20. | 517,7. | 0,7871 |
| 22. | 541,4. | 0,8177 |
| 24. | 564. | 0,8467 |
| 26. | 587. | 0,8743 |
| 28. | 606,4. | 0,9006 |
| 30. | 626,4. | 0,9258 |
| 32. | 645,7. | 0,9500 |
| 34. | 664,4. | 0,9753 |
| 36. | 682,4. | 0,9958 |
| 38. | 700,0. | 1,0176 |
| 40. | 717,1. | 1,0387 |
| 42. | 735,7. | 1,0591 |
| 44. | 749,8. | 1,0789 |
| 46. | 765,8. | 1,0984 |
| 48. | 781,2. | 1,1172 |
| 50. | 796,4. | 1,1356 |

*Vitesses initiales en mètres.*

| CHARGES. | LONGUEURS DE L'AME EN CALIBRES. | | | | | | |
|---|---|---|---|---|---|---|---|
| | 5 | 10 | 15 | 20 | 25 | 40 | 100 |
| 1 | 48 | 55 | 60 | 64 | 66 | 73 | 87 |
| 2 | 81 | 95 | 102 | 108 | 113 | 124 | 148 |
| 3 | 110 | 128 | 139 | 147 | 154 | 169 | 203 |
| 4 | 134 | 156 | 170 | 181 | 189 | 208 | 250 |
| 6 | 171 | 201 | 220 | 233 | 245 | 270 | 326 |
| 8 | 198 | 235 | 257 | 274 | 288 | 319 | 387 |
| 10 | 218 | 261 | 288 | 307 | 323 | 359 | 438 |
| 12 | 233 | 285 | 313 | 335 | 353 | 393 | 482 |
| 14 | 245 | 301 | 334 | 359 | 379 | 423 | 522 |
| 16 | 255 | 316 | 353 | 380 | 402 | 451 | 559 |
| 18 | 260 | 330 | 370 | 399 | 423 | 476 | 594 |
| 20 | 265 | 341 | 385 | 417 | 442 | 500 | 627 |
| 22 | 267 | 352 | 399 | 433 | 461 | 522 | 659 |
| 24 | 268 | 360 | 411 | 448 | 478 | 543 | 691 |
| 26 | 266 | 367 | 420 | 460 | 491 | 561 | 718 |
| 28 | 262 | 572 | 430 | 472 | 505 | 580 | 747 |
| 30 | 257 | 577 | 439 | 483 | 519 | 597 | 775 |
| 32 | 250 | 581 | 447 | 494 | 531 | 614 | 803 |
| 34 | 240 | 584 | 453 | 505 | 543 | 631 | 830 |
| 36 | 223 | 585 | 459 | 511 | 555 | 646 | 857 |
| 38 | 211 | 585 | 463 | 518 | 562 | 660 | 882 |
| 40 | 190 | 584 | 467 | 525 | 571 | 673 | 906 |
| 42 | 161 | 582 | 469 | 529 | 577 | 685 | 930 |
| 44 | 45 | 578 | 469 | 533 | 583 | 695 | 952 |
| 46 | » | 575 | 468 | 535 | 587 | 703 | 972 |
| 48 | » | 567 | 467 | 536 | 590 | 711 | 997 |

Les vitesses initiales contenues dans le tableau précédent sont un peu plus faibles que celles trouvées par Hutton ; elles ont été calculées au moyen de la formule qui est fonction de la longueur de l'âme, diminuée de la longueur de la charge. Les valeurs de logarithme B se trouvent dans le tableau suivant, et ont été calculées, jusqu'à la charge de 22 inclusivement, par la formule

$$B = M \frac{C}{1 + 2l},$$

où

      C désigne la charge en parties du poids du boulet représenté par 48,

      $l$........ la longueur de la charge en calibres;

et   $\log M = 1{,}78200.$

Toutes les valeurs de log B ont été calculées au moyen des formules des vitesses et des charges du *maximum* d'effet. Si l'on avait à calculer des vitesses initiales pour des projectiles ayant une densité différente de celle 7,166 fois celle de l'eau, il faudrait calculer ces vitesses initiales de la même manière que si elles avaient la densité désignée ci-dessus, et, après les avoir obtenues, les réduire aux vitesses initiales que l'on devrait trouver avec des projectiles ayant la densité voulue par la formule qui donne les rapports des vitesses initiales, relativement aux projectiles de différens poids.

---

*Valeurs de* logB *en mètres, quand on compare les vitesses initiales à* L......... *et à* L—*l.*

Charges.

| Charges | à L | à L—l |
|---|---|---|
| 1 | 1,43254 | 1,55578 |
| 2 | 1,58726 | 1,78457 |
| 3 | 1,71414 | 1,91631 |
| 4 | 1,80196 | 2,00200 |
| 6 | 1,92363 | 2,10839 |
| 8 | 2,00571 | 2,17343 |
| 10 | 2,06846 | 2,21771 |
| 12 | 2,11583 | 2,24995 |
| 14 | 2,15296 | 2,29454 |
| 16 | 2,17754 | 2,29394 |
| 18 | 2,20532 | 2,30965 |
| 20 | 2,22316 | 2,32265 |
| 22 | 2,23649 | 2,33357 |
| 24 | 2,24593 | 2,34247 |
| 26 | 2,25190 | 2,34803 |
| 28 | 2,25467 | 2,35301 |
| 30 | 2,25420 | 2,35723 |
| 32 | 2,25111 | 2,36037 |
| 34 | 2,24519 | 2,36231 |
| 36 | 2,23706 | 2,36309 |
| 38 | 2,22623 | 2,36251 |
| 40 | 2,21338 | 2,36108 |
| 42 | 2,19739 | 2,35830 |
| 44 | 2,17949 | 2,35445 |
| 46 | 2,15914 | 2,34851 |
| 48 | 2,13646 | ,34322 |

———

*Des reculs ou vitesses initiales des pièces ; erreurs moyennes.*

Les cordes de recul étant proportionnelles aux vitesses initiales des pièces, quand leur système de suspension et leur poids ne varient pas, on s'est contenté de prendre l'erreur moyenne des cordes de recul, qui s'est trouvée de 0,0296 pour le tir sans boulet, et de 0,0257 pour celui avec boulet. L'erreur probable des vitesses initiales des projectiles étant 0,0306, on peut conclure que l'erreur probable des vitesses initiales des pièces et des projectiles est la même et égale à peu près à 0,03.

Ainsi, dans la confection d'un programme sur les vitesses initiales dont les pièces d'artillerie sont animées par l'effet de tir, on devra se rappeler que la moyenne de trois coups ne diffère du résultat mathématique que d'environ un centième.

———

*Des vitesses initiales des pièces relativement à différentes longueurs d'âme.*

La formule

$$R = BL^{\alpha A^c},$$

donne l'acroissement des vitesses initiales des pièces occasioné par les différentes longueurs d'âme.

Dans cette formule,

> B désigne une constante,
> L........ la longueur d'âme,
> C........ la charge en parties du poids
> du boulet;

avec le tir sans boulet

$$\log \alpha = -2{,}90884,$$
$$\log A = \phantom{-}0{,}30471;$$

avec le tir à boulet,

$$\log \alpha = -2{,}98979,$$
$$\log A = \phantom{-}0{,}40711.$$

Dans les tableaux suivans, semblablement à ce que nous avons déjà fait pour les vitesses initiales des projectiles, nous continuerons de supposer le poids du boulet divisé en 48 parties égales, et nous exprimerons les charges au moyen d'un certain nombre de ces parties.

D'après ces formules, la plus petite influence que les longueurs de l'âme des pièces puissent avoir dans la production des reculs sera donnée par la supposition de C très-petit, ou de C égal à zéro. Alors 0,08107 sera l'exposant des longueurs d'âme pour le tir sans boulet, et 0,09768 celui analogue pour le tir avec boulet.

*Tableau donnant la plus petite influence des longueurs d'âme sur les reculs.*

| Longueurs d'âme. | Reculs du tir sans boulet. | Reculs du tir avec boulet. |
|---|---|---|
| 1 | 1,000 | 1,000 |
| 2 | 1,058 | 1,070 |
| 3 | 1,093 | 1,113 |
| 4 | 1,119 | 1,145 |
| 6 | 1,156 | 1,191 |
| 8 | 1,184 | 1,225 |
| 10 | 1,205 | 1,253 |
| 12 | 1,223 | 1,275 |
| 14 | 1,239 | 1,294 |
| 16 | 1,252 | 1,311 |
| 18 | 1,264 | 1,326 |
| 20 | 1,275 | 1,340 |
| 22 | 1,285 | 1,352 |
| 24 | 1,294 | 1,364 |
| 26 | 1,302 | 1,375 |
| 28 | 1,310 | 1,385 |
| 30 | 1,317 | 1,394 |
| 32 | 1,324 | 1,403 |
| 34 | 1,331 | 1,411 |
| 36 | 1,337 | 1,419 |
| 38 | 1,343 | 1,427 |
| 40 | 1,349 | 1,434 |
| 42 | 1,354 | 1,441 |
| 44 | 1,359 | 1,448 |
| 46 | 1,364 | 1,453 |
| 48 | 1,369 | 1,460 |

*Tableau indiquant la valeur des exposans pour la loi relative aux différentes longueurs d'âme.*

| CHARGES. | EXPOSANS DANS LE | |
| --- | --- | --- |
| | tir sans boulet. | tir avec boulet. |
| 1 | 0,0823 | 0,0996 |
| 2 | 0,0835 | 0,1016 |
| 3 | 0,0847 | 0,1036 |
| 4 | 0,0859 | 0,1056 |
| 6 | 0,0884 | 0,1098 |
| 8 | 0,0911 | 0,1142 |
| 10 | 0,0937 | 0,1187 |
| 12 | 0,0965 | 0,1235 |
| 14 | 0,0993 | 0,1283 |
| 16 | 0,1023 | 0,1334 |
| 18 | 0,1053 | 0,1387 |
| 20 | 0,1084 | 0,1443 |
| 22 | 0,1116 | 0,1501 |
| 24 | 0,1149 | 0,1561 |
| 26 | 0,1183 | 0,1623 |
| 28 | 0,1217 | 0,1688 |
| 30 | 0,1253 | 0,1755 |
| 32 | 0,1290 | 0,1825 |
| 34 | 0,1328 | 0,1897 |
| 36 | 0,1367 | 0,1973 |
| 38 | 0,1408 | 0,2052 |
| 40 | 0,1449 | 0,2134 |
| 42 | 0,1492 | 0,2218 |
| 44 | 0,1536 | 0,2306 |
| 46 | 0,1581 | 0,2398 |
| 48 | 0,1628 | 0,2494 |

Ces exposans ne doivent être employés que lorsque la pièce pèse 822,4 fois le poids de son boulet
supposé avoir une densité égale à 7,166, et l'on
réduira les résultats trouvés de cette manière à ceux
que l'on désire par la loi relative aux différens poids
des pièces.

---

### Lois des reculs par rapport aux charges.

N'ayant pu déterminer exactement la loi que
suivaient entre eux les exposans des charges par
rapport aux différentes longueurs de l'âme, on ne
peut prescrire un moyen plus certain que celui de
calculer les reculs occasionés par les différentes
charges pour une pièce d'une longueur déterminée,
et de calculer ensuite, par la loi précédente, le recul qui doit avoir lieu dans la pièce désirée.

Ainsi, il suffira de savoir que, dans le tir avec
boulet, lorsque la pièce a la longueur de son âme
égale à 15,5 calibres, les reculs sont entre eux
comme les charges élevées à la puissance 6,6, et
lorsque l'on considère le tir sans boulet, on devra
se rappeler que les reculs sont entre eux comme
les charges élevées à la puissance 1,1, quand la pièce
a son âme d'une longueur égale à 15,75 calibres.

*Recul des pièces dans le cas du tir sans boulet.*

| CHARGES. | LONGUEURS DE L'AME EN CALIBRES | | | | | | |
|---|---|---|---|---|---|---|---|
| | 2 | 5 | 10 | 20 | 40 | 70 | 100 |
| 1 | 0,0157 | 0,0166 | 0,0175 | 0,0186 | 0,0197 | 0,0206 | 0,0212 |
| 2 | 0,0344 | 0,0355 | 0,0376 | 0,0398 | 0,0422 | 0,0442 | 0,0456 |
| 3 | 0,0512 | 0,0554 | 0,0587 | 0,0625 | 0,0660 | 0,0692 | 0,0712 |
| 4 | 0,0701 | 0,0759 | 0,0805 | 0,0855 | 0,0907 | 0,0952 | 0,0981 |
| 6 | 0,109 | 0,118 | 0,126 | 0,134 | 0,142 | 0,149 | 0,151 |
| 8 | 0,149 | 0,162 | 0,171 | 0,182 | 0,194 | 0,203 | 0,210 |
| 10 | 0,189 | 0,206 | 0,220 | 0,235 | 0,251 | 0,264 | 0,273 |
| 12 | 0,230 | 0,251 | 0,269 | 0,287 | 0,307 | 0,324 | 0,336 |
| 14 | 0,271 | 0,297 | 0,318 | 0,341 | 0,365 | 0,386 | 0,401 |
| 16 | 0,312 | 0,343 | 0,368 | 0,395 | 0,424 | 0,449 | 0,466 |
| 18 | 0,354 | 0,389 | 0,419 | 0,450 | 0,485 | 0,514 | 0,534 |
| 20 | 0,395 | 0,436 | 0,470 | 0,506 | 0,546 | 0,580 | 0,603 |
| 22 | 0,436 | 0,483 | 0,521 | 0,563 | 0,609 | 0,648 | 0,674 |
| 24 | 0,477 | 0,529 | 0,573 | 0,621 | 0,672 | 0,717 | 0,747 |
| 26 | 0,517 | 0,576 | 0,625 | 0,678 | 0,736 | 0,787 | 0,821 |
| 28 | 0,557 | 0,623 | 0,693 | 0,737 | 0,802 | 0,859 | 0,897 |
| 30 | 0,597 | 0,669 | 0,730 | 0,796 | 0,869 | 0,932 | 0,974 |
| 32 | 0,636 | 0,716 | 0,785 | 0,856 | 0,936 | 1,006 | 1,051 |
| 34 | 0,675 | 0,763 | 0,836 | 0,917 | 1,004 | 1,083 | 1,135 |
| 36 | 0,714 | 0,809 | 0,889 | 0,978 | 1,075 | 1,160 | 1,218 |
| 38 | 0,751 | 0,855 | 0,943 | 1,039 | 1,146 | 1,240 | 1,393 |
| 40 | 0,789 | 0,901 | 0,996 | 1,101 | 1,218 | 1,302 | 1,393 |
| 42 | 0,826 | 0,946 | 1,050 | 1,164 | 1,291 | 1,378 | 1,480 |
| 44 | 0,862 | 0,992 | 1,105 | 1,227 | 1,365 | 1,460 | 1,571 |
| 46 | 0,897 | 1,035 | 1,157 | 1,291 | 1,442 | 1,544 | 1,665 |
| 48 | 0,932 | 1,081 | 1,211 | 1,355 | 1,517 | 1,629 | 1,761 |

*Reculs des pièces lors du tir à boulet.*

| CHARGES. | LONGUEURS DE L'AME EN CALIBRES | | | | | | |
|---|---|---|---|---|---|---|---|
|  | 2 | 5 | 10 | 20 | 40 | 70 | 100 |
| 1 | 0,228 | 0,249 | 0,267 | 0,286 | 0,307 | 0,324 | 0,336 |
| 2 | 0,336 | 0,377 | 0,405 | 0,434 | 0,466 | 0,495 | 0,522 |
| 3 | 0,437 | 0,480 | 0,516 | 0,554 | 0,596 | 0,631 | 0,656 |
| 4 | 0,517 | 0,570 | 0,613 | 0,659 | 0,710 | 0,753 | 0,764 |
| 6 | 0,655 | 0,724 | 0,781 | 0,845 | 0,910 | 0,967 | 1,01 |
| 8 | 0,78 | 0,87 | 0,94 | 1,01 | 1,10 | 1,16 | 1,22 |
| 10 | 0,87 | 0,97 | 1,06 | 1,15 | 1,25 | 1,33 | 1,39 |
| 12 | 0,97 | 1,08 | 1,18 | 1,28 | 1,40 | 1,50 | 1,57 |
| 14 | 1,05 | 1,18 | 1,29 | 1,41 | 1,54 | 1,66 | 1,73 |
| 16 | 1,15 | 1,27 | 1,40 | 1,53 | 1,68 | 1,81 | 1,90 |
| 18 | 1,20 | 1,36 | 1,50 | 1,65 | 1,81 | 1,96 | 2,06 |
| 20 | 1,26 | 1,44 | 1,59 | 1,76 | 1,92 | 2,11 | 2,22 |
| 22 | 1,32 | 1,52 | 1,68 | 1,87 | 2,07 | 2,25 | 2,38 |
| 24 | 1,38 | 1,59 | 1,77 | 1,97 | 2,20 | 2,40 | 2,55 |
| 26 | 1,43 | 1,64 | 1,85 | 2,07 | 2,32 | 2,54 | 2,69 |
| 28 | 1,47 | 1,72 | 1,93 | 2,17 | 2,44 | 2,68 | 2,85 |
| 30 | 1,52 | 1,78 | 2,01 | 2,28 | 2,56 | 2,83 | 3,01 |
| 32 | 1,56 | 1,84 | 2,09 | 2,37 | 2,69 | 2,98 | 3,18 |
| 34 | 1,59 | 1,89 | 2,16 | 2,46 | 2,81 | 3,12 | 3,34 |
| 36 | 1,62 | 1,94 | 2,23 | 2,56 | 2,92 | 3,27 | 3,51 |
| 38 | 1,65 | 1,99 | 2,30 | 2,65 | 3,05 | 3,42 | 3,68 |
| 40 | 1,68 | 2,04 | 2,36 | 2,74 | 3,18 | 3,58 | 3,86 |
| 42 | 1,70 | 2,08 | 2,43 | 2,83 | 3,30 | 3,74 | 4,07 |
| 44 | 1,72 | 2,12 | 2,49 | 2,92 | 3,43 | 3,90 | 4,25 |
| 46 | 1,73 | 2,16 | 2,55 | 3,01 | 3,55 | 4,06 | 4,45 |
| 48 | 1,75 | 2,19 | 2,61 | 3,10 | 3,67 | 4,23 | 4,63 |

Dans les deux tableaux précédens les vitesses initiales des pièces sont exprimées en mètres.

Il ne faut pas oublier que la pièce est supposée peser 822,4 fois le poids de son boulet, sans vent, le boulet ayant une densité égale à 7,166.

Pour le logarithme de la constante, nous avons pris — 1,43989 dans le tir à boulet, et — 2,25487 dans le tir sans boulet.

---

## Des reculs par rapport aux différens poids des pièces.

La loi des variations des vitesses initiales par rapport aux différens poids des pièces est représentée par la formule

$$R = B\,P^{-B'\,C^{N'}},$$

où

$R$ désigne la vitesse initiale de la pièce,
$B$ . . . . . . . une constante,
$C$ . . . . . . . la charge en parties du poids du boulet, supposé égale à 48,
$P$ . . . . . . . le poids de la pièce ;

pour le tir sans boulet ,

$$N' = -\,0,062 ,$$
$$\log B' = 0,21564 ;$$

pour le tir avec boulet ,

$$N' = 0,058 ,$$
$$\log B' = 0,05473.$$

## Exposans des différens poids des pièces.

| Charges. | Tir sans boulet. | Tir à boulet. |
|---|---|---|
| 1 | 1,635 | 1,134 |
| 2 | 1,567 | 1,181 |
| 5 | 1,528 | 1,209 |
| 4 | 1,501 | 1,229 |
| 6 | 1,464 | 1,259 |
| 8 | 1,438 | 1,280 |
| 12 | 1,402 | 1,310 |
| 16 | 1,377 | 1,332 |
| 24 | 1,343 | 1,364 |
| 52 | 1,319 | 1,387 |
| 40 | 1,301 | 1,405 |
| 48 | 1,286 | 1,420 |

Comme les tableaux suivans serviront à réduire les vitesses initiales, calculées pour la pièce pesant 822,4 fois le poids de son boulet, à celles qui ont lieu lorsque la pièce a un autre poids, on a supposé constamment, pour chaque charge, que l'unité représentait la vitesse initiale de la pièce pesant 822,4. Cette supposition et cette manière de présenter les résultats serviront un peu à faciliter l'usage de nos tables.

## TIR SANS BOULET.

*Comparaison des reculs de la pièce pesant 822,4 fois le poids de son boulet, avec ceux des pièces ayant d'autres poids.*

| POIDS des pièces. | CHARGES EN PARTIES DU POIDS DU BOULET REPRÉSENTÉ PAR 48. | | | | | |
|---|---|---|---|---|---|---|
| | 1 | 2 | 4 | 8 | 16 | 48 |
| 25 | 306,3 | 241,1 | 191,2 | 153,3 | 124,0 | 90,59 |
| 50 | 97,50 | 80,49 | 66,88 | 56,63 | 47,29 | 36,69 |
| 75 | 50,13 | 42,55 | 36,52 | 31,23 | 27,03 | 21,74 |
| 100 | 31,45 | 27,29 | 23,6 | 20,65 | 18,22 | 15,07 |
| 150 | 16,17 | 14,40 | 12,86 | 11,55 | 10,42 | 8,927 |
| 200 | 10,09 | 9,159 | 8,520 | 7,628 | 7,002 | 6,258 |
| 250 | 7,013 | 6,463 | 5,972 | 5,540 | 5,155 | 4,627 |
| 300 | 5,203 | 4,857 | 4,543 | 4,299 | 4,010 | 3,659 |
| 400 | 3,251 | 3,094 | 2,950 | 2,819 | 2,698 | 2,528 |
| 500 | 2,257 | 2,182 | 2,111 | 2,046 | 1,985 | 1,897 |
| 600 | 1,675 | 1,640 | 1,605 | 1,558 | 1,544 | 1,500 |
| 700 | 1,302 | 1,288 | 1,274 | 1,261 | 1,249 | 1,231 |
| 800 | 1,043 | 1,041 | 1,040 | 1,038 | 1,036 | 1,034 |
| 822,4 | 1,000 | 1,000 | 1,000 | 1,000 | 1,000 | 1,000 |
| 900 | 0,860 | 0,864 | 0,874 | 0,879 | 0,885 | 0,891 |
| 1000 | 0,729 | 0,736 | 0,745 | 0,753 | 0,765 | 0,780 |

TIR AVEC BOULET.

*Comparaison des reculs de la pièce pesant 822,4 fois le poids de son boulet, avec ceux des pièces ayant d'autres poids.*

| POIDS des pièces. | POIDS DES CHARGES EN PARTIES DU POIDS DU BOULET REPRÉSENTÉ PAR 48. | | | | | |
|---|---|---|---|---|---|---|
| | 1 | 2 | 4 | 8 | 16 | 48 |
| 25 | 53,04 | 62,59 | 75,91 | 88,19 | 104,60 | 144,0 |
| 50 | 23,98 | 27,29 | 31,26 | 36,00 | 41,98 | 53,51 |
| 75 | 15,12 | 16,89 | 18,96 | 21,39 | 24,62 | 29,32 |
| 100 | 10,94 | 12,03 | 13,35 | 14,81 | 16,58 | 19,91 |
| 150 | 6,986 | 7,460 | 8,098 | 8,825 | 9,649 | 11,20 |
| 200 | 4,972 | 5,306 | 5,682 | 6,102 | 6,570 | 7,439 |
| 250 | 3,863 | 4,080 | 4,323 | 4,591 | 4,885 | 5,424 |
| 300 | 3,141 | 3,291 | 3,455 | 3,635 | 3,832 | 4,187 |
| 400 | 2,267 | 2,343 | 2,425 | 2,515 | 2,612 | 2,785 |
| 500 | 1,760 | 1,800 | 1,844 | 1,891 | 1,941 | 2,028 |
| 600 | 1,431 | 1,451 | 1,474 | 1,497 | 1,522 | 1,566 |
| 700 | 1,202 | 1,210 | 1,219 | 1,229 | 1,240 | 1,257 |
| 800 | 1,030 | 1,031 | 1,032 | 1,033 | 1,034 | 1,036 |
| 822,4 | 1,000 | 1,000 | 1,000 | 1,000 | 1,000 | 1,000 |
| 900 | 0,905 | 0,898 | 0,894 | 0,891 | 0,887 | 0,880 |
| 1000 | 0,803 | 0,795 | 0,788 | 0,777 | 0,771 | 0,757 |

Si l'on calcule les forces de recul des pièces, on trouvera dans le tir sans boulet :

| CHARGES. | POIDS DES PIÈCES. | | RAPPORTS. |
| --- | --- | --- | --- |
| | 25 | 1000 | |
| 1 | 7658 | 729 | 10,50 |
| 2 | 6027 | 736 | 8,16 |
| 4 | 4780 | 745 | 6,42 |
| 8 | 5833 | 753 | 5,90 |
| 16 | 3200 | 765 | 4,20 |
| 48 | 2260 | 780 | 2,97 |

et dans le tir avec boulet :

| CHARGES. | POIDS DES PIÈCES. | | RAPPORTS. |
| --- | --- | --- | --- |
| | 25 | 1000 | |
| 1 | 1326 | 803 | 1,65 |
| 2 | 1550 | 795 | 1,97 |
| 4 | 1848 | 788 | 2,34 |
| 8 | 2205 | 777 | 2,82 |
| 16 | 2650 | 771 | 3,44 |
| 48 | 3600 | 757 | 4,74 |

On voit par-là que la densité des boulets influe beaucoup sur la force que la pièce peut acquérir dans l'instant du tir, et qu'il peut exister telle densité de boulets où les rapports des forces acquises par des pièces de différens poids restent constans, et que ces forces acquises soient même indépendantes de la charge employée. Parmi un grand nombre d'autres conséquences, on remarquera l'avantage qu'il y a d'appesantir les pièces, sous le rapport de la conservation des affûts.

———

*De la loi des reculs par rapport aux différens poids des boulets.*

Les reculs, par rapport aux différens poids des boulets, sont exprimés par la formule

$$R = B\,P^{0,426},$$

où

       R désigne les reculs,
       P....... le poids des boulets
       B....... une constante,

Représentant par l'unité le recul occasioné par le boulet ayant une densité égale à 7,166 fois celle de l'eau, le tableau suivant donnera les reculs dus à des boulets ayant d'autres densités.

| Densités. | Rapports des reculs. |
|---|---|
| 1. | 0,4246 |
| 2. | 0,5731 |
| 3. | 0,6840 |
| 4. | 0,7865 |
| 6. | 0,9255 |
| 7,166. | 1,0000 |
| 8. | 1,0492 |
| 10. | 1,1575 |
| 12. | 1,2457 |
| 16. | 1,4196 |
| 20. | 1,5647 |

———

*Comparaison des reculs avec boulet et de ceux sans boulet.*

Pour déduire les reculs avec boulet de ceux sans boulet, on a trouvé la formule

$$R = R' B C^{-0,428},$$

où

C désigne les charges en parties du poids du boulet, supposé égal à 48,

R....... les reculs avec boulet,

R'....... les reculs sans boulet,

$\log B = -1,97309$.

Ainsi, avec la charge 48, on a le rapport 0,13950

$$
\begin{aligned}
32 &\ldots\ldots\ldots\ldots 0,17035 \\
24 &\ldots\ldots\ldots\ldots 0,19630 \\
16 &\ldots\ldots\ldots\ldots 0,23971 \\
12 &\ldots\ldots\ldots\ldots 0,27623 \\
8 &\ldots\ldots\ldots\ldots 0,33732 \\
6 &\ldots\ldots\ldots\ldots 0,36275 \\
4 &\ldots\ldots\ldots\ldots 0,47467 \\
3 &\ldots\ldots\ldots\ldots 0,54696 \\
2 &\ldots\ldots\ldots\ldots 0,66794 \\
1 &\ldots\ldots\ldots\ldots 0,93992.
\end{aligned}
$$

Ainsi, l'on voit que ces rapports croissent dans un rapport inverse de celui des charges.

---

*De la résistance d'un fluide contre une surface ayant différentes inclinaisons.*

Désignant par $x$ l'angle d'inclinaison que fait la direction d'un fluide avec la surface plane soumise à son choc, on aura, pour calculer la résistance $f$, suivant les différens angles d'inclinaison, la formule

$$ f = 1000\,(\sin x)^2 + 4000\,(\cos x)^{4,8}, $$

qui donnera le moyen de calculer la résistance des surfaces de différentes formes, sans avoir à craindre une très-grande erreur.

Dans le cas où il s'agira d'une veine fluide qui vient presser une surface d'une étendue indéfinie, il paraît que la formule ci-dessus n'a plus lieu et que la résistance est, conformément à la théorie, dans le simple rapport des sinus des angles d'inclinaison. Cette contradiction ne proviendrait-elle pas de ce que les expériences du professeur anglais ont été faites trop en petit? On doit attendre de nouvelles expériences pour prendre une décision à cet égard. Le tableau suivant a été calculé au moyen de la formule ci-dessus.

*Tableau donnant la résistance d'une surface inclinée se mouvant dans un fluide.*

| Résistances. | Degrés. |
|---|---|
| 90. | 10000 |
| 85. | 9924 |
| 8o. | 9699 |
| 75. | 9338 |
| 7o. | 8853 |
| 65. | 8278 |
| 6o. | 7644 |
| 55. | 6987 |
| 5o. | 6348 |
| 45. | 5576 |
| 4o. | 5245 |
| 35. | 4825 |
| 3o. | 4505 |
| 25. | 4277 |
| 20. | 4138 |
| 15. | 4057 |
| 10. | 4018 |
| 5. | 4003 |
| 5. | 4001 |
| 2. | 4000 |
| 1. | 4000 |

## De la résistance de l'air, par rapport aux projectiles de l'artillerie.

D'après les nombreuses expériences de Hutton, faites avec le pendule placé à différentes distances, on a trouvé que 2,3 était le meilleur exposant des vitesses pour les rendre proportionnelles aux résistances éprouvées par le mobile, et que, si l'on supposait que le mouvement du mobile se fît en ligne droite, la vitesse initiale et la vitesse finale étaient liées par la formule

$$\frac{1}{v^{0,3}} = 0,3 \, N \, x + \frac{1}{V^{0,3}}$$

où

N désigne le coefficient de la résistance de l'air,

$x$ . . . . . . . l'espace parcouru par le mobile,

V . . . . . . . la vitesse initiale,

$v$ . . . . . . . la vitesse finale.

Pour un projectile d'un pied de diamètre, d'un pied de vitesse et pesant une livre,

$$N = 0,0047902;$$

pour un projectile d'un mètre de diamètre, d'un mètre de vitesse et pesant un kilogramme,

$$N = 0,081433.$$

Ces expériences s'accordent avec celles faites au moyen du cabestan, pour faire croître les résistances dans un rapport un peu plus grand que celui des surfaces ; mais, dans ces dernières, cet accroissement a lieu comme les diamètres élevés à la puissance 2,155.

Les résistances croissent en raison des densités du fluide où se fait le mouvement, et diminuent en raison inverse du poids des projectiles.

Si l'on fait usage des formules balistiques théoriques, où la résistance de l'air est supposée en raison directe du carré des vitesses, il faudra faire varier la résistance de l'air suivant la grandeur de la vitesse moyenne des projectiles, et se servir des coefficiens calculés ci-dessous.

| Vitesses. | Coefficiens. |
| --- | --- |
| 5 mètres par seconde. | 0,12944 |
| 25. | 0,20731 |
| 50. | 0,25334 |
| 75. | 0,28485 |
| 100. | 0,30939 |
| 150. | 0,34738 |
| 200. | 0,37699 |
| 250. | 0,40151 |
| 300. | 0,42254 |
| 400. | 0,45137 |
| 500. | 0,48739 |
| 600. | 0,51331 |
| 700. | 0,53595 |
| 800. | 0,55616 |
| 900. | 0,57427 |
| 1000. | 0,59140 |

*Coefficiens de la résistance de l'air pour les projectiles en usage dans l'artillerie française.*

|  | Calibres. | Poids en kilo. | Valeurs de N. |
|---|---|---|---|
| Boulets de | 24 liv. | 11,794 . . | 0,00010977 |
|  | 16 . . . | 8,022 . . | 0,00012288 |
|  | 12 . . . | 6,009 . . | 0,00013330 |
|  | 8 . . . | 4,022 . . | 0,00014926 |
|  | 6 . . . | 3,069 . . | 0,00016106 |
|  | 4 . . . | 2,003 . . | 0,00018164; |
| bombes de | 12 pouc. | 73,490 . . | 0,00009529 |
|  | 10 . . . | 49,857 . . | 0,00009724; |
| obus et bombes de | 8 . . . | 21,59 . . | 0,00014425 |
| obus de | 24 . . . | 13,5 liv. | 0,00009794 |
| balles de 18 à la livre. | | . . . | 0,00078110 |

———

*De l'effet d'une même quantité de poudre dans différens calibres.*

Parmi les nombreuses questions dont les formules précédentes peuvent donner la solution, nous choisirons celle où il s'agit de connaître les différens effets produits par la même quantité de poudre employée dans des pièces de différens calibres; et comme nous n'avons pu trouver aucune donnée assez positive pour apprécier les effets des différens calibres, nous admettrons seulement que, pour des charges proportionnelles aux poids des boulets, les

vitesses initiales des projectiles de densité constante restent constantes. Nous supposerons que
la pièce a une longueur égale à 20 calibres, et que
l'on représente par 48 le poids du boulet qui se trouve
égal à celui de la charge constante ; de plus, les
boulets sont supposés être tous de la même densité,
et sans aucun vent ; enfin les poids des pièces regar-
dés comme proportionnels à ceux des boulets.

| Poids des boulets. | Vitesses initiales. | Force des boulets. |
|---|---|---|
| 48 | 555,6 | 25709 |
| 60 | 519,7 | 31181 |
| 72 | 493,6 | 35539 |
| 84 | 466,5 | 39653 |
| 96 | 448,1 | 43017 |
| 108 | 428,6 | 47367 |
| 120 | 409,8 | 49175 |
| 132 | 394,0 | 52008 |
| 144 | 380,3 | 54763 |
| 168 | 355,6 | 59740 |
| 192 | 335,1 | 64339 |
| 216 | 316,7 | 68407 |
| 240 | 300,8 | 72192 |
| 264 | 286,2 | 75558 |
| 288 | 274,3 | 78998 |
| 312 | 261,8 | 81680 |
| 336 | 254,5 | 85446 |
| 384 | 235,4 | 89626 |
| 432 | 212,5 | 91800 |
| 480 | 201,1 | 96528 |
| 528 | 190,1 | 100370 |
| 576 | 180,6 | 104020 |
| 768 | 147,4 | 113200 |
| 1152 | 108,2 | 124640 |
| 2304 | 63,6 | 146530 |

| Poids des boulets. | Reculs. | Forces des pièces. |
|---|---|---|
| 48. | 3,098. | 148,7 |
| 60. | 2,667. | 160,0 |
| 72. | 2,367. | 170,4 |
| 84. | 2,143. | 180,0 |
| 96. | 1,961. | 188,2 |
| 108. | 1,828. | 197,4 |
| 120. | 1,714. | 205,7 |
| 132. | 1,618. | 213,6 |
| 144. | 1,532. | 220,6 |
| 168. | 1,390. | 233,5 |
| 192. | 1,284. | 246,5 |
| 216. | 1,196. | 258,5 |
| 240. | 1,122. | 269,3 |
| 264. | 1,061. | 280,1 |
| 288. | 1,014. | 292,0 |
| 312. | 0,965. | 300,1 |
| 336. | 0,920. | 309,1 |
| 384. | 0,843. | 323,7 |
| 432. | 0,778. | 336,1 |
| 480. | 0,753. | 351,8 |
| 528. | 0,696. | 367,5 |
| 576. | 0,659. | 378,6 |
| 768. | 0,554. | 425,5 |
| 1152. | 0,434. | 500,0 |
| 2304. | 0,286. | 658,9. |

## Rapports des vitesses de recul aux forces des boulets.

| Poids des boulets. | Rapports. |
|---|---|
| 48. | 172,9 |
| 60. | 194,9 |
| 72. | 208,7 |
| 84. | 220,3 |
| 96. | 228,6 |
| 108. | 234,5 |
| 120. | 239,1 |
| 132. | 243,5 |
| 144. | 248,2 |
| 168. | 255,8 |
| 192. | 261,0 |
| 216. | 264,8 |
| 240. | 268,1 |
| 264. | 269,7 |
| 288. | 270,5 |
| 312. | 272,2 |
| 336. | 276,4 |
| 584. | 276,9 |
| 432. | 275,1 |
| 480. | 274,4 |
| 528. | 273,1 |
| 576 | 274,8 |
| 768. | 272,2 |
| 1152. | 249,7 |
| 2304. | 222,4. |

Dans les tableaux précédens nous n'avons pas compris dans les forces de la pièce son poids, qui est 822,4 fois le poids du boulet. On voit donc qu'il y a un avantage à employer les plus gros calibres, et qu'il peut y avoir une charge où le rapport de la force de recul, comparée à celle du boulet, soit un *minimum*. Cette charge varie sans doute avec la longueur de l'âme, la densité du boulet, le poids de la pièce, etc. Dans le cas considéré, elle se trouve être environ le huitième du poids des boulets.

FIN.

# TABLE

## DES MATIÈRES.

FIN DE LA TABLE DES MATIÈRES.

---

## ERRATA.

---

| Pages. | Lignes. | Au lieu de : | Lisez : |
| --- | --- | --- | --- |
| 37. | 6. | 36000. | 3600. |
| 39. | 2. | $cr\,\dfrac{c^2}{2r}$. | $c:\dfrac{c^2}{2r}$. |
| 48. | 1. | traversins. | traverses. |
| 53. | 10. | $\dfrac{Ggc}{bic}$. | $\dfrac{Ggc}{2ir}$. |
| 67. | 15. | pour se combiner. | pour se comburer. |
| 70. | 28. | ( 11,025 mètres ) | ( 0,025 mètres ). |
| 82. | 16. | l'air. | l'aire. |
| 94. | 30. | 57,824. | acide de carbonique, 57,824. |
| 121. | 9. | cylindres. | balles. |
| — | 28. | de fer. | de plomb. |
| 149. | 1. | avec et sans. | avec ou sans. |
| 180. | 9. | de 5. | de 56. |
| 209. | 28. | N°². | — N°². |
| 260. | 3 et 4. | incompressibles. | compressibles. |

---